现代桑基鱼塘生态循环
农业技术创新与应用

廖森泰 杨 琼 等 著

中国农业科学技术出版社

图书在版编目（CIP）数据

现代桑基鱼塘生态循环农业技术创新与应用 / 廖森泰等著. --北京：
中国农业科学技术出版社，2022. 8

ISBN 978-7-5116-5879-1

Ⅰ.①现… Ⅱ.①廖… Ⅲ.①桑基鱼塘－生态农业－农业技术
Ⅳ.①S888.4

中国版本图书馆CIP数据核字（2022）第 154069 号

责任编辑 崔改泵
责任校对 李向荣
责任印制 姜义伟 王思文

出 版 者 中国农业科学技术出版社
　　　　　北京市中关村南大街 12 号　　邮编：100081
电　　话 （010）82109194（编辑室） （010）82109702（发行部）
　　　　　（010）82109709（读者服务部）
网　　址 http://www.castp.cn
经 销 者 各地新华书店
印 刷 者 北京地大彩印有限公司
开　　本 170 mm×240 mm　1/16
印　　张 10.5
字　　数 178 千字
版　　次 2022 年 8 月第 1 版　　2022 年 8 月第 1 次印刷
定　　价 80.00 元

《现代桑基鱼塘生态循环农业技术创新与应用》

著作委员会

主　著：廖森泰　杨　琼

著　者（按姓氏笔画排序）：

丁成章　王　潇　王思远　邝哲师　邢东旭

刘　凡　刘振兴　李庆荣　李湘妮　李富申

肖　阳　吴梓鎏　邹宇晓　周东来　庞道睿

顾文杰　黄　龙　彭焕龙　蒙　烽　赖明建

　　珠江三角洲桑基鱼塘是当地劳动人民创造的一种农业生态种养模式。传统的桑基鱼塘生态系统是塘基种桑、桑叶养蚕、蚕粪和蚕蛹养鱼、鱼粪肥泥、塘泥种桑。它的特点：一是立体高效，在同一土地上既可种桑养蚕，又可养鱼，经济效益高；二是生态循环零废料，整个系统的物质资源全部利用，无污染；三是农业与水利相得益彰，鱼塘既可养鱼，又能蓄水，雨水多时把水蓄起来，天旱时能用来给桑树和作物灌溉。20世纪七八十年代联合国粮农组织把桑基鱼塘作为农业循环经济典范。1992年，联合国教科文组织称桑基鱼塘为"世间罕有美景、良性循环典范"。

　　20世纪80年代末至90年代初，随着城镇化和工业化开发，因大气污染和比较效益下降等原因，珠三角蚕桑业不断衰退，桑基鱼塘生态循环链条基本断裂。目前珠三角基塘农业生产中，养鱼成为单一的产业，出现了一系列问题：一是养鱼密度大、鱼塘尾水排放，是河涌水富营养化的原因之一；二是养鱼种类发生了很大变化，除了传统的四大家鱼外，大量养殖加州鲈、桂花鱼、黑鱼等杂食性鱼类，抗生素配方饲料使用和鱼药的滥用，造成水产品质量安全和环境污染等问题屡屡出现；三是塘基种植作物过量施用化肥，导致土壤质量下降和化学物质残留增加。

　　面对这种种问题，我们反复深入思考，在新的社会背景下，桑基鱼塘生态系统可否恢复？怎样恢复？经过十多年的不断探索，我们提出"科技复兴珠江三角洲桑基鱼塘"的战略设想。

　　科技复兴珠三角桑基鱼塘的总体思路是根据桑基鱼塘生态循环原理，以科技手段，挖掘蚕桑的多种功能，建设一种效益和生态兼顾的多元化现代桑基鱼塘生态农业技术体系和产业模式。

现代桑基鱼塘技术体系包括以下八个方面：一是蚕沙塘泥无害化肥料化；二是塘基种植桑树等作物，以蚕沙塘泥肥料进行改土培肥；三是蚕蛹蛋白和桑叶提取物研发水产饲料，改善鱼的品质和提高抗病力；四是以微生物对鱼塘水进行净化；五是家蚕人工饲料工厂化饲养；六是塘网结合底部供氧高密度养鱼技术与设施；七是建设鱼塘水净化设施和生态沟渠，实现鱼塘水循环利用；八是蚕、桑、鱼食品加工和桑枝栽培食用菌提高综合经济效益。在科技创新支持下，现代桑基鱼塘的产业模式也在不断发展。

团队成员共同努力、互相协作，取得多项科技创新成果，进行阶段性总结后形成本专著，旨在为从事基塘农业科研和生产的同行提供参考。随着科研工作的不断深入，将会有更多的科学发现和技术创新，现代桑基鱼塘技术体系和产业模式还会不断完善和发展。

本书得到国家蚕桑产业技术体系、佛山市高水平广东省农业科技示范市建设资金市院合作项目和广东省农业科学院协同创新中心项目等支持。

由于著者水平和经验有限，本书仍有许多不足之处，望读者多提宝贵意见。

著　者

2022年8月

目 录

第一章　　蚕沙无害化肥料化技术

　　蚕沙是养蚕过程中由蚕的幼虫所排放的固体粪便和食剩的少量残桑的统称。蚕沙中由于含有丰富的营养物质和少量作物生长生理调节剂，是优质的有机肥材料。好氧堆肥技术是实现固体有机废弃物肥料化应用的成熟手段，既可杀灭蚕沙中的病原，消除对生产的威胁，又可净化环境，减小对生态环境污染，还可提供大量优质有机肥，有效防止耕地土壤退化，改良土壤肥力和结构，真正达到蚕沙无害化、减量化、资源化利用，化害为利，变废为宝。

第一节　蚕沙好氧发酵技术研究

一、蚕沙消毒堆肥一体化技术研发

　　蚕沙中含有大量的传染性病原，对蚕桑生产造成重大威胁，因此，蚕沙的肥料化应用首先要解决病原无害化。

（一）化学消毒剂对蚕沙病原的消毒效果研究

设置4个药物处理组进行蚕座表面的蚕沙消毒效果评价，分别如下。

处理1：3 g/L三氯异氰脲酸；

处理2：3 g/L三氯异氰脲酸+33.3 g/m² 石灰；

处理3：0.21 g/L癸甲溴铵；

处理4：5%石灰。

经光学显微镜和临床生物试验，证实消毒剂组合"3 g/L喷湿洁+33.3 g/m²石灰"对蚕座表面蚕沙（蚕沙厚度≤1 cm）中的家蚕质型多角体病毒（BmCPB）、家蚕核型多角体病毒（BmNPB）和家蚕微粒子孢子（Nb）等3种家蚕主要传染性病原的灭活效果最优，可将蚕沙中的大部分病原物杀灭，有效降低蚕沙中传染性病原在后续处理过程中对养蚕环境的污染。

（二）堆肥高温对蚕沙病原的灭活效果分析

将就地消毒后的蚕沙进行静态好氧堆肥化处理，堆温在第2天就可升至60 ℃以上，堆体上、中、下各部位温度≥50 ℃的持续时间达35天、35天、25天。通过将家蚕主要传染性病原放置在蚕沙堆肥中，定期取样进行光学显微镜和电子显微镜观察，结合生物试验证实对上述3种主要传染性病原灭活的阈值是堆肥温度≥50 ℃达5天。因此，消毒后再进行静态好氧堆肥处理的堆肥温度可达到并超过病原灭活阈值的要求，从而实现对堆体中家蚕病原的完全灭活。通过50 ℃、60 ℃高温模拟试验验证了病原的灭活效果。使用透射电镜观察病原内部结构变化证实其作用机理是高温导致病原结构蛋白凝固失活所致（图1-1）。

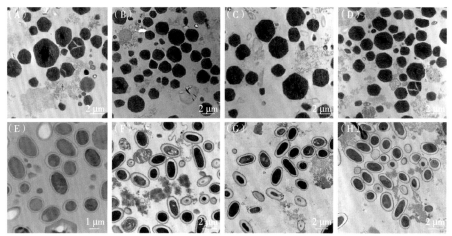

图1-1　2种家蚕病原物在60 ℃堆温作用不同时间的超微结构变化

（A：对照组BmCPV多角体；B~D：分别为高温作用24、48、72 h的BmCPV多角体；

E：对照组Nb孢子；F~H：分别为高温作用24、48、72 h的Nb孢子）

针对劳动密集型养蚕生产面广、蚕沙量小且分散的无害化处理需求，结合上述理化消毒的优点，提出如下的蚕沙消毒堆肥一体化技术规程。

（1）蚕成熟上蔟后，先把蚕座上的病死蚕拣出集中消毒处理。

（2）对蚕座蚕沙撒一层新鲜石灰粉（每张蚕种约1 kg），以蚕沙消毒剂（喷湿洁）兑水10 kg，对蚕座进行均匀喷洒消毒，保持湿润1 h；或者将2 kg石灰与喷湿洁主剂30 g混合，充分混合均匀后在蚕座上薄撒一层，保持1 h。

（3）拣出桑枝条集中处理，蚕沙搬到蚕沙池集中堆沤，在蚕沙表面覆盖一层菌糠、蘑菇渣或前期已堆沤好的蚕沙材料。

（4）经一个多月的堆肥处理后，蚕沙熟化，即可作为肥料使用。

该技术可操作性强、投入少、易普及。蚕沙病原的就地消毒和堆肥处理，解决了蚕沙病原无害化处理的技术难题，完善了蚕病综合防治技术体系，减少了病原对蚕桑生产的威胁，实现了增产增收的目的。

二、蚕沙好氧堆肥模式研究

（一）静态好氧堆肥模式

设计静态好氧发酵池开展静态好氧堆肥应用研究。对传统垃圾池进行改造升级，通过将垃圾池地面架空，改善堆肥底部通风条件，在堆肥表层蚕沙表面覆盖一定厚度约5 cm的干料，起到将表面蚕沙与环境的隔离、促进表面蚕沙充分发酵和提高发酵温度的作用（图1-2）。

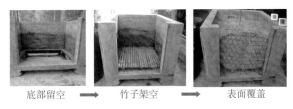

底部留空 ➡ 竹子架空 ➡ 表面覆盖

图1-2　静态好氧发酵池

调查了3个不同蚕沙配方在改良静态好氧堆肥池的堆肥效果，测得3个处理区上、中、下各部位的高温期（≥50 ℃）均超过10天，堆温≥50 ℃的时间超过15天，达到国家规定的畜禽粪便无害化卫生标准和蚕沙病原灭活阈值的要求。

（二）小型设施自动化堆肥模式

采用密闭式堆肥反应器（VTD-100）（图1-3）研究了两种不同通风条

件（A处理：曝气频率每间隔1.0 h通风6 min；B处理：曝气频率每间隔0.5 h通风6 min）和添加外源菌剂情况下，蚕沙材料在堆肥过程中的理化性状、生物学指标变化。结果表明：在这两种通风条件下，都能够较快实现蚕沙堆肥减量化、无害化、资源化目标。处理B更加高效，产品质量也更好，能促进蚕沙堆肥快速去除水分，加速腐殖化进程；添加外源微生物菌剂可促进蚕沙堆肥快速升温并延长堆肥高温期，高温期（≥55 ℃）比CK处理延长2~3天，可加速蚕沙有机物的分解，促进堆肥腐殖化。

图1-3 密闭式堆肥反应器

（三）规模集约化堆肥模式

将桑枝或蘑菇渣粉碎作为调理剂，将蚕沙和桑枝粉按一定的比例混合，用铲车进行搅拌，使物料均匀，最终调整水分在50%~55%，C/N为（20~25）:1。为了加快堆肥进程，在搅拌过程中加入微生物菌剂，菌剂添加量为3‰。采用条垛堆肥方式，堆体底部宽为150 cm左右，堆高为80 cm，5天翻堆1次。堆肥升温迅速，逐日连续测温，高温期≥55 ℃达14天，最高温度可达65 ℃。于堆肥后25天测定蚕沙堆肥浸提液的发芽指数达65%，超过基本腐熟指标（50%）。

根据以上3种不同堆肥模式的蚕沙堆肥过程中的理化指标和生物学指标测定，完成了蚕沙好氧堆肥效果评价，提出蚕沙腐熟度的快速评价指标：蚕沙堆料呈深褐色或黑色，无刺鼻性气味，呈泥土味，堆温趋于常温，T值（碳氮比比值）≤0.9、发芽指数≥50%为基本腐熟；T值≤0.7、发芽指数≥80%为完成腐熟。

第二节　蚕沙堆肥过程中的微生物多样性分析

采用微生物宏基因组策略，分别提取静态好氧和动态好氧堆肥蚕沙的总DNA，对细菌的16S rDNA V3～V5区和真菌的rDNA ITS2序列进行PCR扩增、建库、Illumina Miseq PE2×250测序平台高通量测序、生物信息学分析。

一、蚕沙静态好氧堆肥过程中的微生物多样性分析

OTU分析：聚类结果表明，静态好氧堆肥土著细菌和放线菌2 133种左右，真菌428种左右（图1-4）。

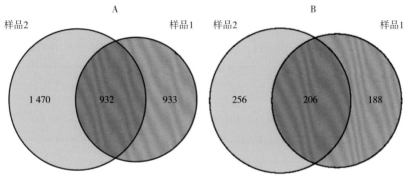

图1-4　OTU维恩图

物种注释：静态好氧堆肥的蚕沙所含微生物丰富，细菌和放线菌种类超过3 000种，真菌种类超过600种，当阈值分别设为300和250时，注释排名前31位的优势细菌/放线菌和排名前27位的优势真菌。

二、蚕沙动态好氧堆肥过程中的微生物多样性分析

OTU分析：蚕沙动态好氧堆肥中的细菌和放线菌有627个物种，真菌有111个物种。

物种注释：被注释出来且达到目以下水平的细菌和放线菌占所发现微生物总量的68%，而69%的真菌物种未能明确其分类。当阈值设为150时，动态好氧堆肥蚕沙的优势细菌/放线菌和优势真菌，被鉴定注释到科水平的细菌/放线菌序列数在20 000以上，种水平的序列数为1 500左右。细菌/

放线菌物种各级序列构成见图1-5A，而能被鉴定注释到种水平的真菌序列数多达33 000以上，大部分真菌序列都能鉴定注释到种水平（图1-5B）。在门水平排名前10的细菌/放线菌各物种丰度最高为Proteobacteria，其次为Fimicutes（图1-6A）；真菌各物种丰度最高为Un-s-A-Fungi sp.（未命名），其次为Ascomycota（图1-6B）。

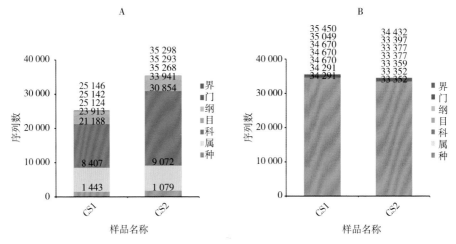

图1-5 蚕沙样品在各分类水平上的序列构成图

（A：细菌和放线菌的2个重复；B：真菌的2个重复）

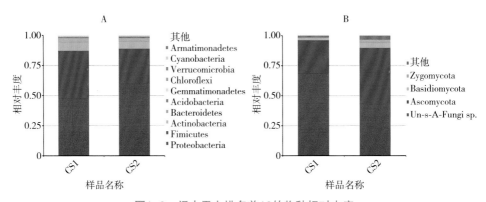

图1-6 门水平上排名前10的物种相对丰度

［A：细菌和放线菌的2个重复；B：真菌的2个重复；Others表示最大相对丰度（某个门在所有样品中相对丰度的最大值）最高的10个门之外的所有门的相对丰度和］

物种分类树： 筛选最大相对丰度前10的细菌属所对应的分类结果

进行物种分类树统计，结果表明，蚕沙细菌和放线菌中前10的属占所有细菌总数的23.74%，排名依次为：链球菌属（6.303%）、糖单孢菌属（4.637%）、葡萄球菌（2.406%）、埃希氏杆菌属（2.203%）、短芽孢杆菌属（2.072%）、芽孢杆菌属（1.881%）、乳酸杆菌属（1.491%）、不动杆菌属（1.217%）、拟杆菌属（0.768%）、类芽孢杆菌属（0.764%）。

在种水平上，选择样品中真菌最大相对丰度前20的分类所对应的物种进行分类树统计。结果表明，蚕沙中96%的真菌能被注释，但最大的一类（69.03%）已知真菌未被命名；其次是子囊菌门类，占所有真菌的25.81%。

蚕沙堆肥中丰度最高的为蓝藻菌门（Cyanobacteria）细菌，该门细菌报道具有产氧性光合作用和固氮作用；丰度排名第4的 *Rhodobaca*（小红卵菌属），属于红螺菌科兼性厌气菌的光能利用细菌，文献报道具有固碳、固氮、脱氢和氧化硫化物等多种生理功能；*Staphylococcus*、*Bacillus*、*Trichoderma spirale* 被报道具有除臭功能；*Bacillus thermoamylovorans* 与某些厌氧菌配合能产生氢气能源；食烷菌 *Alcanivorax* 可能具有降解石油中的烷烃及甲苯、萘、菲等芳香烃的功能，可用作石油污染清洁剂；蚕沙中检测到多个科属的拟杆菌目（Bacteroidales）细菌，报道是水生环境有机碳循环中重要的异养生物。

蚕沙堆肥微生物菌谱的研究，为后续开展蚕沙有益微生物菌研究提供了线索和依据。

第三节　蚕沙堆肥过程中的气谱研究

采用固相微萃取—气相色谱—质谱联用技术（SPME-GC-MS）和国标化学方法（GB/T 18883—2002）等技术方法检测出蚕沙堆肥化过程中排放的主要废气有43种（表1-1），其中有机挥发物有24种，以5-乙基-2，2，3-三甲基-庚烷含量最高，DMDS和5-异丁基壬烷含量次之，这3种废气含量均超过10%；无机挥发物主要有 NH_3、SO_2 及 H_2S 等，其中 NH_3 浓度达 742 mg/m^3，H_2S 浓度18.7 mg/m^3。

表1-1 蚕沙堆肥废气种类和含量

序号	废气成分	相对含量（%）	序号	废气成分	含量（mg/m³）
1	丁酮肟	3.45	1	SO_2	57
2	二甲苯	0.2	2	CO	0.23
3	2, 2, 7, 7-四甲基辛烷	0.99	3	NH_3	742
4	1-癸烯	3.19	4	O_3	未检出
5	正癸烷	7.65	5	HCHO	0.004 7
6	2, 2, 4, 6, 6-五甲基庚烷	10.0	6	H_2S	18.7
7	5-异丁基壬烷	10.2	7	TVOC	0.022 1
8	5-乙基-2, 2, 3-三甲基-庚烷	26.38	8	苯	0.007 4
9	4-甲基十二烷	6.25	9	甲苯	0.006 2
10	2, 2, 3-三甲基壬烷	5.8	10	乙苯	0.002 2
11	2, 3, 5, 8-四甲基癸烷	4.41	11	对二甲苯	0.001
12	2, 4-二甲基十一烷	1.51	12	间二甲苯	0.001 8
13	2, 3-二甲基癸烷	1.37	13	邻二甲苯	0.002 1
14	2, 3, 6, 7-四甲基辛烷	3.64	14	苯乙烯	0.001 4
15	四甲苯	1.14	15	乙醇	0.085
16	9-甲基-3-十一烯	2.02	16	丙酮	0.009 2
17	5-甲基-1-十一烯	1.15	17	甲硫醇	0.025
18	2, 2, 6-三甲基癸烷	2.07	18	DMDS	0.14
19	3-甲基十一烷	1.6	19	甲硫醚	0.006 8
20	2-乙基-1-癸烯	0.66			
21	1-十二烯	0.9			
22	正十二烷	3.9			
23	2, 6, 10-三甲基十二烷	0.56			
24	正十四烷	0.96			

蚕沙堆肥微生物菌谱中包含与堆肥臭气的产生或减少相关的微生物菌株，其中*Staphylococcus*、*Bacillus*、*Trichoderma spirale*为有效的除臭菌，而*Rhodobaca*、*Desulfonatronovibrio*、*Pelobacter*、*Halomonas*、*Thioalkalivibrio*、*Erwinia*则与臭气的产生密切相关。分析发现静态好氧堆肥蚕沙的微生物多样性丰富度比动态好氧堆肥高得多，前者微生物物种数量均接近后者的5倍。推测臭气产生相关微生物种类和丰度的差异是静态条件下蚕沙堆肥的臭气产生量远多于动态条件的重要原因之一。

第四节　农用功能菌株筛选及作用机理研究

一、蚕沙功能菌筛选

（一）蚕沙溶磷解钾功能菌研究

1. 蚕沙分离溶磷解钾功能菌初筛及鉴定

从蚕沙高温（60 ℃）堆肥相取样，10倍系列梯度稀释，在含无机磷、有机磷和钾长石粉培养基上进行定向筛选初步获得有溶磷解钾功能菌株35株，其中溶磷菌39株，解钾菌17株。

调查了以上菌株分离菌的菌落、形态、染色、碳源利用、明胶液化、含硫氨基酸和酶活等生理生化特征，并结合16S rDNA扩增序列分析，完成其中27株菌的分类鉴定，分别为巨大芽孢杆菌、短小芽孢杆菌、枯草芽孢杆菌、高地芽孢杆菌、阿耶波多杆菌等（表1-2、图1-7至图1-9）。

表1-2　溶磷解钾微生物的分类鉴定

分类	菌种名称	株数	分类	菌种名称	株数
溶磷菌	巨大芽孢杆菌	3	解钾菌	地衣芽孢杆菌	2
	枯草芽孢杆菌	2		阿耶波多杆菌	3
	芽孢杆菌	2		皮氏罗尔斯通菌	1
	产气肠杆菌	1		沙福芽孢杆菌	1

（续表）

分类	菌种名称	株数	分类	菌种名称	株数
解钾菌	巨大芽孢杆菌	6	解钾菌	阿耶波多杆菌	5
	芽孢杆菌	1			

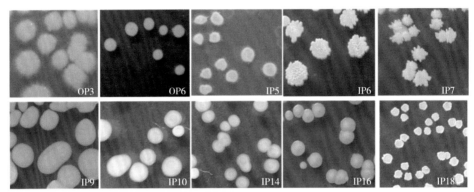

图1-7 部分蚕沙分离菌在NA培养基上的菌落形态

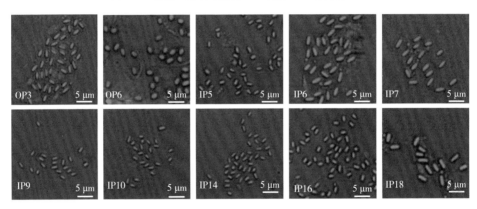

图1-8 部分蚕沙分离菌的显微镜观察结果

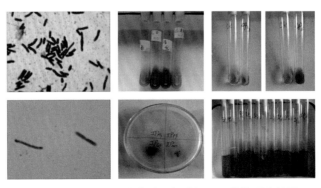

图1-9 部分蚕沙分离菌的理化特征及显微镜观察结果

2. 蚕沙溶磷解钾功能菌复筛

溶磷菌复筛：以商品化的巨大芽孢杆菌为对照，利用钼锑抗比色法对分离细菌的无机磷和有机磷的溶磷效果进行了测试，其中无机磷以磷酸钙为底物，有机磷以卵磷脂为底物。对36株蚕沙功能微生物菌株的溶磷功能分析发现，有SEM-3、SEM-4和SEM-6三株菌的溶无机磷功能显著高于对照巨大芽孢杆菌（图1-10）。

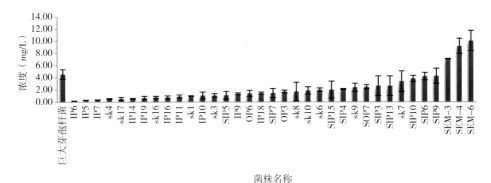

图1-10　36株蚕沙微生物菌株的溶无机磷效果测定

解钾菌复筛：以商品化的解钾菌为对照，使用原子吸收光谱法，对分离的35株细菌在以钾长石为底物的培养液中进行解钾效果测试。检测结果发现，多数分离菌株对钾长石中钾释放能力均显著高于对照解钾菌，其中SEM-5最显著（图1-11）。

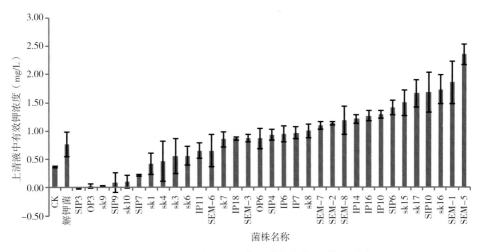

图1-11　36株蚕沙微生物菌株的解钾长石效果测定

（二）蚕沙分离拮抗菌研究

1. 拮抗菌筛选

采用平板对峙法，调查35株蚕沙分离微生物菌株对6株枯萎病病原菌禾谷镰刀菌的拮抗效果，发现OP6、SEM-2、SEM-8和SEM-9等4株菌有拮抗作用，其中SEM-2和SEM-9拮抗效果显著（图1-12）。

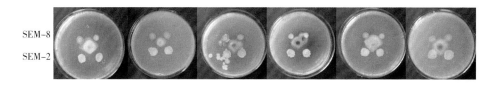

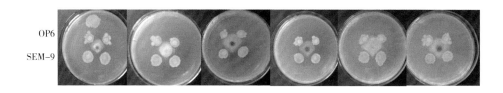

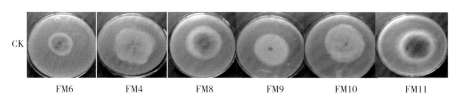

图1-12　4株蚕沙微生物菌株对禾谷镰刀菌等6种镰刀菌的拮抗效果

二、功能菌拮抗机制研究

拮抗菌发酵液对禾谷镰刀菌孢子发芽率的影响：光学显微镜观察发现不同体积比浓度的SEM-9发酵上清液对镰刀菌孢子萌发抑制率呈量效关系，菌液体积比浓度越高，对禾谷镰刀菌孢子萌发抑制率越高。其中，50%的发酵液在6~24 h的孢子萌发抑制率为70%~80%，而12.5%浓度的发酵液在6~24 h的抑制率为20%~30%（图1-13）。

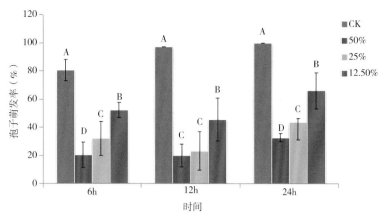

图1-13　SEM-9发酵上清液抑制禾谷镰刀菌孢子发芽的统计检测

（不同大写字母表示差异极显著，$P<0.01$）

拮抗菌对镰刀菌菌丝结构的影响：取平板对峙法培养镰刀菌菌丝进行扫描电镜观察，结果显示：正常菌丝形状饱满，表面光滑，拮抗菌对峙的镰刀菌菌丝形状不饱满。菌出现表面扁瘪皱缩破裂、内容物泄露等，结构破坏严重（图1-14）。

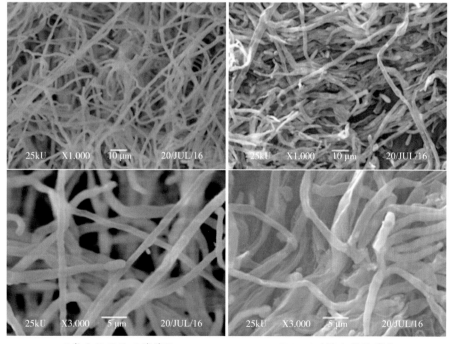

正常生长的镰刀菌菌丝　　　　　　　SEM-9对峙生长的菌丝

图1-14　扫描电镜观察SEM-9禾谷镰刀菌菌丝结构的影响

三、蚕沙功能菌的基因组测序和分析

（一）蚕沙功能菌的基因组测序

对具有显著溶磷溶钾及拮抗效果的6株蚕沙功能菌SEM-2、SEM-3、SEM-4、SEM-5、SEM-6和SEM-9进行了基因组测序组装并进行了初步分析，见图1-15。

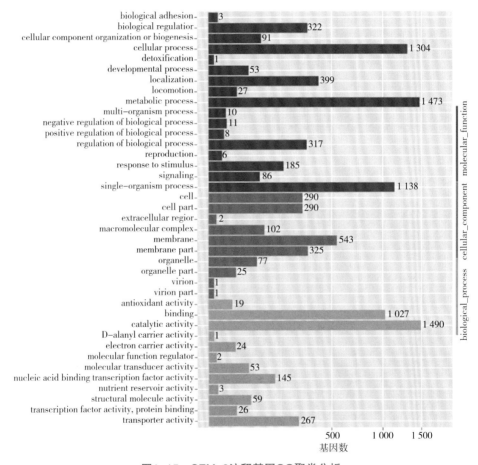

图1-15　SEM-2注释基因GO聚类分析

（二）SEM-9全基因组测序和基因功能分析

利用Illumina HiSeq4000测序平台对SEM-9的基因组序列进行测序组装（图1-16）。结果发现：SEM-9的基因组全长4.22 Mbp，注释基因4 218个，平均长度863 bp，占基因组全长的88.27%；小卫星序列40个，微卫星序列2个；tRNA86个，rRNA30个。基因组序列提交至Genbank，登记号：CP021123。

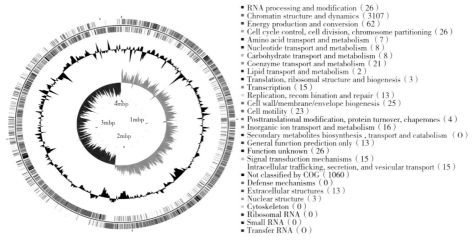

- RNA processing and modification（26）
- Chromatin structure and dynamics（3107）
- Energy production and conversion（62）
- Cell cycle control, cell division, chromosome partitioning（26）
- Amino acid transport and metabolism（7）
- Nucleotide transport and metabolism（8）
- Carbohydrate transport and metabolism（8）
- Coenzyme transport and metabolism（21）
- Lipid transport and metabolism（2）
- Translation, ribosomal structure and biogenesis（3）
- Transcription（15）
- Replication, recom bination and repair（13）
- Cell wall/membrane/envelope biogenesis（25）
- Cell motility（23）
- Posttranslational modification, protein turnover, chaperones（4）
- Inorganic ion transport and metabolism（16）
- Secondary metabolites biosynthesis , transport and catabolism（O）
- General function prediction only（13）
- Function unknown（26）
- Signal transduction mechanisms（15）
- Intracellular trafficking, secretion, and vesicular transport（15）
- Not classified by COG（1060）
- Defense mechanisms（0）
- Extracellular structures（13）
- Nuclear structure（3）
- Cytoskeleton（0）
- Ribosomal RNA（0）
- Small RNA（0）
- Transfer RNA（O）

图1-16　SEM-9全基因组序列组装圈图

比较基因组分析：基于基因家族和其特有基因的分析结果，构建了SEM-9及其他8个芽孢杆菌菌株的进化树，发现SEM-9与*B. subtilis*168菌株的遗传距离最近（图1-17）。

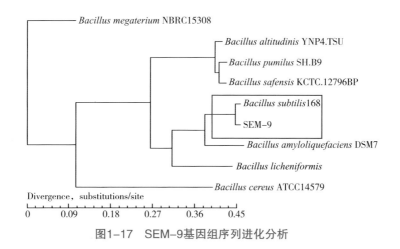

Divergence，substitutions/site

| 0 | 0.09 | 0.18 | 0.27 | 0.36 | 0.45 |

图1-17　SEM-9基因组序列进化分析

共线性及Core-pan gene分析：分析菌株SEM-9与*B. subtilis*168的共线性及core-pan基因发现，两个菌株基因组序列具有较好的共线性，以SEM-9为参考序列，两种共线性区域占SEM-9全长序列的95.4%；SEM-9

注释的4 218个基因中，有3 884个基因为共有基因，334个基因为特有基因（图1-18）。

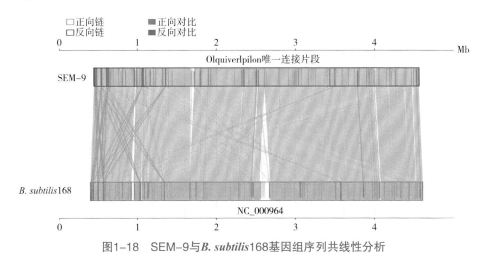

图1-18　SEM-9与*B. subtilis*168基因组序列共线性分析

抗菌素合成相关基因：通过对基因组数据分析，注释到了surfactin、bacilysin、fengycin及subtilosin-A等相关合成基因（表1-3）。这些抗菌素合成相关基因可能构成了SEM-9对病原菌的高效拮抗活性的分子基础。

表1-3　SEM-9基因组注释基因抗菌素筛选结果

细菌素	基因	SEM-9注释到的基因编号
Surfactin	*srfAA*、*srfAB*、*srfAC*、*srfAD*	SEM-9GL003844—SEM-9GL003841
bacilysin	bacA-F	SEM-9GL000364-70
fengycin	fenA-E	SEM-9GL002234-38
Subtilosin-A	*albA*、albB、*albC*、*albD*、*albE*、*albG*	SEM-9GL000402-408

生物膜调控基因：SEM-9含有完整的鞭毛生物合成操纵子（*fla/che*），如趋化性蛋白基因*cheC*、*cheD*及*cheA*、*cheB*、*cheW*、*cheY*等信号感应调节基因，以及驱使细菌运动的鞭毛组装基因*fliG*、*fliM*、*fliNY*等基因。

发现SEM-9含有抗菌素surfactin、bacilysin、fengycin、bacillibactin、Bacillaene、subtilosin和Amylocyclicin等相关合成基因，具有抗病毒、抗肿瘤、抗支原体、抗真菌和抗细菌活性，明确了SEM-9基因的拮抗病原菌的分子基础，且SEM-9含有*Spo0A*、*SinR*等全局性调控因子、胞外多糖、胞外蛋白等大分子合成运输基因等与生物膜生成相关基因，这些基因对于SEM-9在土壤及作物根部的定殖发挥着关键作用。

四、蚕沙功能菌的土壤定殖规律研究

利用分子生物技术，将含有GFP报告基因的质粒转入相关菌株，进行GFP报告基因标记，已成功将GFP导入SEM-2、SEM-3、SEM-9及SOP4I菌株中，并对其进行了稳定性检测及功能验证（图1-19）。利用盆栽实验，开展了SEM-2等菌株在植株根部的定殖试验，发现SEM-2、SEM-9及SOP4I都可以在番茄根部定殖（图1-19）。

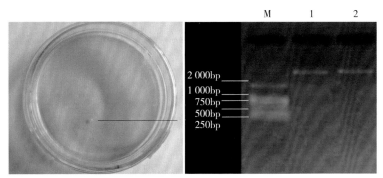

图1-19　导入GFP菌落及电泳图

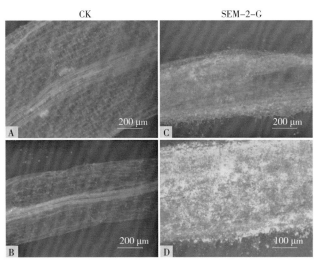

图1-20　SEM-2菌株在番茄根部定殖的荧光显微镜观察结果

［A和B为对照（根际），C和D为荧光标记SEM-2菌株在根际分布图］

第五节 蚕沙和功能微生物肥料化应用技术

一、有机肥料创制

以腐熟的蚕沙为主要成分，与烟梗、牛骨粉等有机物复配，通过改良滚桶造粒工艺，克服蚕沙有机肥造粒难的技术问题，研发蚕沙有机肥料产品"上蚕力"。

二、有机无机复混肥料研究

将腐熟蚕沙与化肥进行复配，筛选防板结剂和崩解剂，解决了有机无机复混肥料易板结和颗粒分散性不好的难题，提高了肥料的品质和遇水速溶性、速效性，研发了"天蚕优地"和"天蚕壮"两个肥料产品。

三、微生物肥料研究

利用PB实验设计和响应面实验确定了SEM-2、SEM-3和SEM-9等3个菌株的实验室发酵配方和工艺参数，再通过30L发酵罐进行SEM-9发酵工艺优化，实现SEM-9量产。通过分散剂、稳定剂的筛选和组配，解决了SEM-9在水剂中的分散悬浮稳定性以及抑制芽孢萌发的难题，保证了微生物菌剂的质量。以SEM-9为主要功能菌，研发了微生物菌剂"天蚕令"、复合微生物肥料"上蚕上品"、生物有机肥料"上蚕万绿"等3个肥料产品。

第六节 蚕沙肥料在种植中的应用

一、对作物产量和品质的影响

调查了蚕沙有机肥对花生、甘蓝、菜心和甜玉米的肥效，设置鸡粪作为有机肥对照和等量氮磷钾养分的化肥对照。

施肥量：两种有机肥均按24 000 kg/hm²（表1-4），化肥处理按与有机肥等量氮磷钾施用，分别用尿素、过磷酸钙和氯化钾。有机肥均作基肥一次性施用，过磷酸钙作基肥一次性施用，尿素和氯化钾分基肥和3次追肥施用。试验处理随机区组排列，3次重复，小区面积16 m²。

表1-4　鸡粪有机肥和蚕沙有机肥主要养分含量

有机肥品种	水分（%）	有机质（%）	pH值	全氮（%）	全磷（%）	全钾（%）
鸡粪有机肥	33.4	60.2	7.9	1.85	2.40	2.42
蚕沙有机肥	40.2	47.3	9.6	2.05	1.18	3.26

对春花生产量和品质的影响：由表1-5可看出，两种有机肥处理的花生产量都显著高于化肥处理，其中鸡粪有机肥处理的产量最高，但与蚕沙有机肥处理差异不显著。分析其产量组成，主要差异来源为荚果数和荚果重，表明施用有机肥料可以显著影响花生的成果数量和质量。施用有机肥料两个处理的百仁重和出仁率都高于化肥处理，但未达到显著水平。从不同废弃物来源的有机肥料试验效果对比来看，鸡粪有机肥与蚕沙有机肥效果相近，除荚果重外，各项指标均无显著差异。表明无论是鸡粪有机肥还是蚕沙有机肥，都能改善花生结荚的数量和质量，这与有机肥料的施入改善了土壤理化性质从而提高肥料利用效率有关。说明整体上有机肥处理效果优于化肥处理，鸡粪有机肥与蚕沙有机肥效果相近。

表1-5　不同处理对春花生产量及组成的影响

处理	荚果数（个/棵）	荚果重（g/个）	百仁重（g/100仁）	出仁率（%）	产量（kg/hm²）
化肥	17.6 ± 0.9 b	1.45 ± 0.11 b	73.63 ± 1.59 a	64.11 ± 3.44 a	4 364.8 ± 169.9 b
鸡粪有机肥	18.1 ± 0.7 a	1.72 ± 0.13 a	77.80 ± 3.49 a	67.51 ± 2.22 a	4 669.6 ± 155.6 a
蚕沙有机肥	18.9 ± 0.8 a	1.70 ± 0.12 a	75.93 ± 6.27 a	67.99 ± 3.21 a	4 552.9 ± 234.3 a

注：同一行相同字母表示在$P<0.05$水平下无显著差异，不同字母表示差异显著，下同。

对甘蓝产量和品质的影响：由表1-6可知，两种有机肥处理的甘蓝产量均低于化肥处理，蚕沙有机肥处理的甘蓝产量高于鸡粪有机肥，3个处理之间差异显著。分析其原因，由于甘蓝在秋冬季种植，气温较低，有机质矿化速率减缓，造成了有机肥速效养分矿化不足，从而降低了产量。两个有机肥处理虽然在氮磷钾大量元素的投入上基本相同，其养分短期内释放仍有差异且较为缓慢。有机肥处理的甘蓝维生素C和可溶性糖含量接近或略高于化肥处理，有机肥处理均降低了甘蓝硝酸盐的含量，两种有机肥在降低硝酸盐含量方面都较化肥有显著效果，其中蚕沙有机肥降低的幅度最大。表明施用有机肥尤其是蚕沙有机肥在提高甘蓝品质方面有较好的效果。一般认为大量投入有机肥，在保证产量不降低的情况下可以提高蔬菜品质，而单一施用化肥可能导致蔬菜品质相对较差。对于生长期较长的作物如甘蓝，单独施用有机肥增产效果有限，表现出后期供肥不足，生产上必须强调增施化肥或有机肥配施化肥才能进一步提高产量。

表1-6 不同处理对甘蓝产量及品质的影响

处理	维生素C （mg/kg）	可溶性糖 （g/kg）	硝酸盐 （mg/kg）	产量 （kg/hm^2）
化肥	319.0 ± 20.2 a	38.50 ± 1.35 b	1 026.1 ± 24.9 a	61 756 ± 2 125 a
鸡粪有机肥	333.9 ± 25.9 a	42.30 ± 0.67 ab	877.9 ± 44.6 b	48 594 ± 5 738 b
蚕沙有机肥	329.0 ± 18.6 a	44.34 ± 0.33 a	588.2 ± 22.3 c	49 194 ± 2 872 c

对菜心产量和品质的影响：从表1-7可看出，两种有机肥处理的第一茬菜心产量均高于化肥处理，以鸡粪有机肥处理产量最高。在菜心品质指标中，施用有机肥均能降低菜心的硝酸盐含量而提高可溶性糖含量，其中对硝酸盐降低幅度最大的是蚕沙有机肥，其次是鸡粪有机肥。第二茬菜心3个处理的产量无显著差异，与化肥处理比较，蚕沙有机肥及鸡粪有机肥处理皆能提高菜心维生素C和可溶性糖的含量，一定程度上提高了菜心的品质。根据两茬不同品种菜心种植结果看，鸡粪有机肥和蚕沙有机肥处理菜心产量持平或者高于化肥处理，并一定程度上提高了菜心的品质，说明蚕沙有机肥及鸡粪有机肥处理更有利于菜心的种植。本试验结果表明，在等养分条件下对于生长期较短的作物如菜心单独施用有机肥也可取得一定的产量并能提高蔬菜品质。

表1-7　不同处理对菜心品质与产量的影响

茬数	处理	维生素C（mg/kg）	可溶性糖（g/kg）	硝酸盐（mg/kg）	产量（kg/hm²）
第一茬	化肥	528.3 ± 26.5 b	10.29 ± 0.19 b	2 815 ± 199 a	20 277 ± 1 695 b
	鸡粪有机肥	518.7 ± 3.82 b	11.70 ± 1.16 ab	2 488 ± 171 b	23 510 ± 620 a
	蚕沙有机肥	569.1 ± 17.2 a	12.20 ± 0.60 a	1 689 ± 140 c	22 027 ± 668 ab
第二茬	化肥	525.5 ± 4.3 b	19.86 ± 2.45 b	1 074 ± 154 a	50 347 ± 3 947 a
	鸡粪有机肥	590.3 ± 2.7 ab	21.68 ± 0.90 a	993 ± 334 a	48 535 ± 3 209 a
	蚕沙有机肥	586.1 ± 3.9 a	21.48 ± 1.44 a	1 192 ± 137 a	47 356 ± 1 730 a

注：第一茬品种为45天菜心，第二茬为80天菜心。

对甜玉米产量和品质的影响：从表1-8可看出，在等氮磷钾养分的试验条件下，第一茬甜玉米产量有机肥处理高于化肥处理，第二茬3个处理之间差异不显著，第三茬和第四茬以化肥处理的产量最高。4茬的总产量分别为：化肥处理60 952 kg/hm²、鸡粪有机肥处理59 183 kg/hm²、蚕沙有机肥处理58 914 kg/hm²，总产量化肥处理最高，鸡粪有机肥处理次之，蚕沙有机肥处理最低，但3个处理之间总产量差异不显著。表明在等养分条件下，蚕沙有机肥与鸡粪有机肥基本上是等效的。从品质指标看，蚕沙有机肥、鸡粪有机肥与化肥处理，对于甜玉米中维生素C和可溶性糖含量差异不显著。

表1-8　不同处理对甜玉米品质及产量的影响

	处理	维生素C（mg/kg）	可溶性糖（g/kg）	产量（kg/hm²）
第一茬（2013年秋玉米）	化肥	94.2 ± 13.3 a	106.9 ± 5.3 a	15 875 ± 45 c
	鸡粪有机肥	99.8 ± 7.2 a	106.5 ± 7.1 a	18 333 ± 46 a
	蚕沙有机肥	95.9 ± 8.1 a	116.5 ± 6.7 a	17 438 ± 22 b
第二茬（2014年春玉米）	化肥	140.0 ± 8.6 a	90.5 ± 1.1 b	10 143 ± 41 a
	鸡粪有机肥	141.4 ± 11.9 a	92.5 ± 8.7 a	9 639 ± 58 a
	蚕沙有机肥	134.3 ± 7.2 a	86.4 ± 6.6 b	9 514 ± 29 a

（续表）

处理		维生素C（mg/kg）	可溶性糖（g/kg）	产量（kg/hm²）
第三茬（2014年秋玉米）	化肥	84.6 ± 9.7 a	72.1 ± 5.8 a	17 254 ± 100 a
	鸡粪有机肥	89.0 ± 2.5 a	72.8 ± 6.0 a	15 081 ± 94 b
	蚕沙有机肥	85.1 ± 3.3 a	83.8 ± 7.7 a	15 618 ± 73 ab
第四茬（2014年秋玉米）	化肥	86.6 ± 1.2 a	78.1 ± 6.5 a	17 679 ± 48 a
	鸡粪有机肥	89.5 ± 4.8 a	78.9 ± 8.0 a	16 129 ± 72 b
	蚕沙有机肥	90.6 ± 3.0 a	81.5 ± 2.1 a	16 343 ± 50 b

注：品种为'华珍'甜玉米。

对桑叶产量和品质的影响：在广东省韶关市翁源八字陂蚕区施发酵半年后的蚕沙有机肥桑园和常规化肥对照桑园进行了桑叶产量、主要营养成分的调查（表1-9），常规化肥桑园的桑叶产量为3 920 kg，蚕沙有机肥桑园桑叶产量为4 520 kg，有极显著的增产效果，且叶质较优，可溶性糖含量比对照提高，有机质提高明显。可见施用蚕沙有机肥能提高桑叶的产量和品质。

表1-9　桑园施用蚕沙有机肥和化肥桑叶产量的试验调查

肥料种类	桑叶产量		可溶性糖		土壤有机质	
	实数（kg）	指数（%）	实数（g/kg）	指数（%）	实数（g/kg）	指数（%）
蚕沙有机肥	4 520	115.3	73.3	131.6	23.0	185.5
化肥	3 920	100	55.7	100	12.4	100

二、对土壤肥力的影响

白云基地在连续种植4茬作物以后，土壤分析结果见表1-10。与施用化肥处理比较，施用蚕沙有机肥和鸡粪有机肥能提高土壤pH值，蚕沙有机肥提高的幅度较大。土壤有机质含量也有所提高，两种有机肥之间差异不明显。施用有机肥能提高土壤全氮和全磷含量，而土壤的钾养分没有明显的变化（表1-10）。表明施用有机肥可显著改良土壤酸性，提高土壤有机质和全氮含量，达到培肥耕地的目的。对翁源八字陂蚕区施发酵半年后的蚕沙有机肥桑园和常规化肥对照桑园的有机质含量进行调查，常规化肥桑园土壤有机质为12.4 g/kg，蚕沙有机肥桑园土壤有机质为23.0 g/kg（表1-9），表明施用蚕沙有机肥能提高土壤肥力。

表1-10　不同处理对土壤养分含量的影响

试验处理	pH值	有机质（%）	全氮（g/kg）	全磷（g/kg）	全钾（g/kg）
试验前	6.42	1.54	0.81	0.44	8.02
化肥	6.16	2.11	1.23	0.90	8.33
鸡粪有机肥	6.99	2.96	1.69	1.04	7.73
蚕沙有机肥	7.31	3.13	1.77	1.05	8.03

通过4种不同作物的田间试验，与化肥处理比较，有机肥处理一般能提高花生、甘蓝、菜心及甜玉米的果实品质，并对于春花生和菜心具有一定的增产效果。在等氮磷钾养分的条件下，蚕沙有机肥与鸡粪有机肥表现出相同的肥效。试验结果也表明，由于有机肥中的养分含量较低，养分释放缓慢，要取得与常规化肥处理一样的产量水平必须大幅度提高有机肥的施用量。施用化肥或者化肥配施有机肥，仍然是提高作物产量直接而有效的措施，单施有机肥难以获得更高产量，特别是生长期较长的作物如甘蓝、甜玉米等。通过对桑园1年桑叶产量的调查，施用蚕沙有机肥能提高桑叶的叶质和产量。

施用有机肥可显著改良土壤酸性，提高土壤有机质含量，达到培肥耕地的目的。在以化肥为主体的作物施肥体系中，有机肥的作用除改善作物品质外，更多表现在土壤改良上。

三、对土壤酶活性的影响

在试验桑园进行两种施肥方式的比较试验。纯施化肥试验组（以下简称化肥处理）：每年施肥5次，春季在桑树发芽后施第一次肥，随后在养蚕采桑结束后施肥，最后一次施肥是冬至前后。蚕沙有机肥+化肥试验组（以下简称蚕沙有机肥处理）：除冬至施蚕沙有机肥作基肥外，其余施肥期施用化肥。化肥每次用量为600 kg/hm^2，蚕沙有机肥用量为3 750 kg/hm^2。施肥试验连续进行了3年。调查不同部位土壤的多酚氧化酶（PPO）、过氧化氢酶（CAT）、蔗糖酶（SC）、脲酶（UE）和中性磷酸酯酶（NP）等5种酶活性。

多酚氧化酶（PPO）：多酚氧化酶主要来源于土壤微生物、植物根系分泌物及动植物残体分解释放，催化土壤中芳香族化合物氧化成醌，醌与土壤中蛋白质、氨基酸、糖类、矿物等物质反应生成有机质和色素，完成土壤芳香族化合物循环，用于土壤环境修复。冬季增施蚕沙有机肥的桑园，其表层、中层土壤与施用化肥桑园的同部位土壤的多酚氧化酶（PPO）活性含量无显著差异，但根际土壤的PPO活性极显著高于单施化肥对照桑树根际土壤中的PPO酶活性（$P<0.01$），比单施化肥对照桑树根际土壤的酶活性提高了252%，说明蚕沙有机肥能显著地提高桑树根际土壤中的PPO活性（图1-21A）。

过氧化氢酶（CAT）：是土壤微生物代谢的重要酶类，能酶促土壤中的过氧化氢分解为水和氧气，从而消除和减轻过氧化氢的危害；在降解有机污染物方面的特殊功能及其对重金属和农药污染方面有特殊作用。可作为非健康土壤修复的生物活性指标。两种施肥方式下桑树根际土壤中的过氧化氢酶（CAT）活性均高于同一施肥处理的表层和中层土壤中的CAT活性，而增施用蚕沙有机肥桑园的各部分土样的土壤CAT活性均极显著高于单施化肥对照（$P<0.01$），其中表层土和中层土的土壤酶活性均比单施化肥对照提高了312%，达到单施化肥处理组桑树根系土壤酶活性水平，说明蚕沙有机肥能显著提高桑园各部位土壤的CAT活性（图1-21B）。

蔗糖酶（SC）：能够水解蔗糖变成相应的单糖而被机体吸收，其酶促作用产物与土壤中有机质、氮、磷含量，微生物数量和土壤呼吸强度密切相关，是评价土壤肥力的重要指标。两种施肥方式的桑树根际、操作行间表层土和中层土壤中蔗糖酶（SC）活性均无显著差异（$P>0.05$），说明桑园不同部位土壤SC酶活性无显著差异，增施蚕沙有机肥对桑园土壤SC活性影响不显著，分析桑园中调查的各部位土壤中的SC酶活性均已达到较高水平（图1-21C）。

土壤脲酶（UE）：能够水解尿素，产生氨和碳酸。土壤脲酶活性与土壤的微生物数量、有机物质含量、全氮和速效氮含量呈正相关。土壤脲酶活性反映了土壤的氮素状况。UE活性在同一施肥方式试验组桑园各个部位呈现明显的根际土酶活性>表层土酶活性>中层土酶活性的趋势，而增施蚕沙有机肥桑园的桑树根际和表层土壤的UE活性都显著高于单施化肥对照（$P<0.05$）。说明施用蚕沙有机肥能显著提高桑树根际和桑园表层土壤的UE活性（图1-21D）。

中性磷酸酯酶（NP）：是催化土壤有机磷矿化的酶，其活性高低直接影响着土壤中有机磷的分解转化及其生物有效性，是评价土壤磷素生物转化方向与强度的指标。图1-27E显示不论何种施肥形式，桑树根际土壤中的中性磷酸酯酶（NP）活性均无显著差异，但增施蚕沙有机肥的桑园表层土壤的NP活性显著高于单施化肥对照（$P<0.05$），酶活性提高了79.4%，并与桑树根际土壤的NP活性无显著性差异（$P>0.05$）。

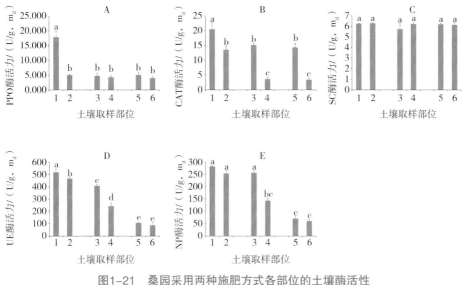

图1-21 桑园采用两种施肥方式各部位的土壤酶活性

（土壤取样部位：1.冬季施用蚕沙有机肥桑园桑树根际土样；2.全年施用化肥桑园桑树根际土样；3.冬季施用蚕沙有机肥桑园表层土样；4.全年施用化肥桑园表层土样；5.冬季施用蚕沙有机肥桑园中层土样；6.全年施用化肥桑园中层土样）

施用蚕沙有机肥可提高土壤多酚氧化酶、中性磷酸酶、过氧化氢酶和脲酶等多种土壤有益酶的活性，显示蚕沙有机肥料在土壤改良、提高分解有机污染物能力、修复土壤重金属污染和农药污染等方面具有应用潜力。

第二章 塘泥肥料化利用关键技术研究与示范

　　塘泥位于鱼塘的底部，是养鱼剩余饲料、鱼的粪便和土壤的混合物，它既是鱼塘中的一种具有一定营养功能的物质，又是重金属、抗生素等有害成分的残留集中地。如何将塘泥无害化、肥料化是基塘农业中重要的一环。

第一节　塘泥营养成分分析

　　从珠三角不同地区收集了18份塘泥样品，调查塘泥的理化成分，证实珠三角鱼塘塘泥多数样品有机质含量偏低，pH值介于5～8，不同样品的营养成分存在显著差异，有机质及铵态N、P和K的开差大，分别达到6.55倍、13.3倍、39.9倍和24.9倍（表2-1）。

表2-1　不同地区收集塘泥样品的营养成分分析

样品编号	有机质（％）	pH值	铵态N（mg/kg）	P_2O_5（mg/kg）	K_2O（mg/kg）
1	7.54	6.08	50.64	24.88	126.0
2	4.29	6.47	12.53	49.46	53.08
3	5.6	5.46	24.08	13.3	70.97
4	5.56	6.8	17.86	21.11	46.77
5	7.07	5.25	35.54	22.69	91.72
6	8.04	7.28	10.06	28.34	200.8
7	16.03	6.83	38.37	132.8	229.2

（续表）

样品编号	有机质（%）	pH值	铵态N（mg/kg）	P_2O_5（mg/kg）	K_2O（mg/kg）
8	19.19	6.4	52.3	189.0	328.7
9	3.15	6.86	14.46	113.4	61.31
10	5.75	6.27	18.47	30.66	141.8
11	3.6	6.76	17.04	97.82	105.3
12	2.93	6.98	19.43	72.4	100.7
13	7.85	7.98	75.62	42.72	1 162.5
14	6.6	7.95	71.84	70.32	1 006.5
15	7.66	7.38	10.51	36.94	286.0
16	3.74	8.09	32.0	62.11	407.6
17	4.96	7.8	6.16	15.21	176.8
18	6.53	7.64	24.91	4.74	432.5

第二节　塘泥好氧堆肥技术及快速评价标准建立

一、塘泥好氧堆肥技术建立

针对解决塘泥中土著菌以厌氧菌为主、有机质偏低、难以实现好氧发酵的问题，通过添加不同有机废弃物的组配筛选，获得以蚕沙、蘑菇渣作为调理剂的塘泥好氧堆肥配方，可实现静态好氧发酵，50 ℃堆肥高温期超过20天，建立了塘泥好氧堆肥工艺。说明蚕沙中丰富的微生物菌群对实现塘泥好氧堆肥起着重要的作用。不同配比塘泥肥发酵情况见表2-2。

表2-2　不同配比塘泥肥发酵情况

试验批次	物料及配比	堆肥效果
1	塘泥：蘑菇渣=7：3 塘泥：蘑菇渣=6：4	不升温

（续表）

试验批次	物料及配比	堆肥效果
2	塘泥:蘑菇渣=7:3，加1% EM菌 塘泥:蘑菇渣=6:4，加1% EM菌	不升温
3	塘泥:蚕沙:蘑菇渣=6:2:2	第2天迅速升温超过60 ℃，中部达到或超过70 ℃，50 ℃以上高温期达到8天，可达到有机肥无害化温度要求
4	塘泥:蚕沙=6:4	第2天迅速升温超过60 ℃，中部达到或超过70 ℃，50 ℃以上高温期达到12~25天，达到有机肥无害化温度要求

二、塘泥堆肥快速评价标准建立

分析了塘泥堆肥过程中的物理、化学和生物学指标。

物理指标分析：包括温度、颜色、气味，其中温度变化呈现升温—高温—降温阶段，翻堆后不再出现持续高温期，与塘泥有机质含量低有关，基本上第一次堆肥就完成了有机质的转化，堆肥温度的变化符合好氧堆肥温度变化的特点，可作为堆肥腐熟度的评价指标之一。堆肥颜色变化不明显，无明显气味变化，不易判断，不作为腐熟度的评价指标。

化学指标分析：包括EC值、pH值和主要营养成分，其中塘泥堆肥材料的EC值较低，远低于植物生长受抑制的EC值，pH值没有明显变化，主要营养成分呈现波动变化，均与堆肥腐熟度无显著相关性，不作为腐熟度的评价指标。C/N值和T值总体呈现向下变化的趋势，与腐熟度有较强的相关性，可作为腐熟度的评价指标。

生物学指标分析：堆肥处理后50天的塘泥堆肥材料的发芽指数达80%以上，堆肥达到完全腐熟。

综上，当塘泥堆肥温度降至常温、C/N值和T值分别为10.07和0.75时，发芽指数达80%以上，堆肥达到完全腐熟，作为塘泥堆肥腐熟度的快速评价指标。

第三节　塘泥好氧堆肥过程中的微生物多样性分析

一、细菌多样性分析

塘泥发酵前后相同的细菌有167个，差异菌达2 762和188个，堆肥后的菌落数明显减少。差异最大的前10类细菌是Actinobacteria、Sphingobacteria、Alphaproteobacteria、Negatiricutes、Betaproteobacteria、Gammaproteobacteria、Deltaproteobacteria、Bacilli、Clostridia n.和Anaerolineae。这些细菌主要参与代谢、细胞和信息等相关功能（图2-1）。

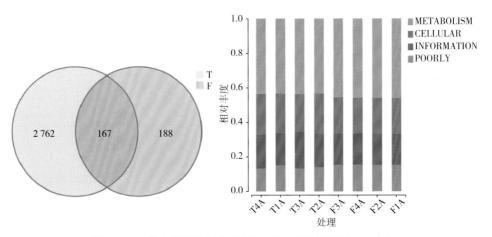

图2-1　细菌多样性分析韦恩图和COG功能基因相对丰度图

二、真菌多样性分析

塘泥发酵前后相同的真菌有4个，差异菌达131和65个。差异显著的前10类真菌物种是Eurotiomycetes、Sordariomycetes、Agaricomycetes、Dothideomycetes、Pezizomycetes、Saccharomycetes、Tremellomycetes、Exobasidiomycetes、Aphelidiomycetes和Mortierellomycetes（图2-2）。

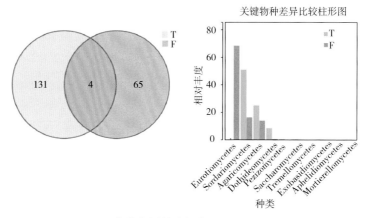

图2-2　真菌多样性分析韦恩图和物种差异图

第四节　塘泥中重金属铅耐受性微生物筛选

随着城市化工业化的发展，城市土壤、农田土壤、水域甚至大气中重金属污染逐渐成为环境主要的污染之一，引起了社会的日益关注。重金属铅在自然环境中滞留时间长、毒性大、难被降解，可以通过食物链富集，对人体健康造成长期严重危害，如何高效治理重金属铅污染成为国内外学者们研究的热点之一。重金属污染的修复方法主要包括物理化学法及生物修复法等，其中物理化学修复法成本高、能耗大、操作困难且易产生二次污染，而生物技术修复法尤其是微生物修复去除重金属污染则是利用微生物对重金属的吸附、转化和代谢，具有经济、高效、环保、安全的优点，逐渐成为近些年来新兴的修复方法，筛选开发具有良好修复功能的微生物菌株有重要现实意义。

水产养殖在我国的经济发展中占有重要的地位。但由于过去对经济效益的过度追求，高密度、低成本养殖模式成为水产尤其是名贵鱼种的主要养殖模式，养殖水体环境遭到严重破坏，农药残留污染和重金属污染严重。本文以污染严重的塘泥为材料，以微生物重金属铅吸附钝化筛选为着手点，旨在分离具有良好重金属铅吸附效率的微生物菌株，并对菌株进行生理生化及分子生物学鉴定，分析其生长及促生功能特性，以选择能够促进植物生长和重金属污染土壤植物修复的菌株，为生物修复和植物促生防病等综合开发利用提供微生物资源。

一、耐铅菌株的筛选

从塘泥中筛选到10株耐受150～300 mg/L Pb^{2+}的菌株，分别编号为Pb1～Pb10。利用原子吸收光谱法测定了各菌株在150 mg/L Pb^{2+}浓度的NB培养基中培养12 h后的吸附率，结果显示，10个菌株对可溶性Pb^{2+}的吸附率差异较大（图2-3A），其中Pb10吸附钝化效果最好，可达90%以上，将该菌株命名为SEM-15。进一步分析菌株SEM-15接种在含有终浓度为150 mg/L Pb^{2+}的NB培养基培养不同时间的铅吸附率（图2-3B），发现12～24 h达到最高，吸附率达90%左右。

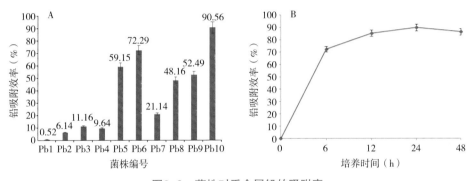

图2-3　菌株对重金属铅的吸附率

［A：不同菌株对培养基中重金属铅的吸附率；B：SEM-15（Pb10）在150 mg/L的Pb^{2+}浓度下培养不同时间的铅吸附率］

二、菌株鉴定

对菌株SEM-15进行了形态学观察、生理生化鉴定及16S rRNA基因分子鉴定，结果见图2-4和表2-3。SEM-15菌株的菌落形态呈圆形，边缘清晰，表面湿润光滑有光泽，有黏稠感，白色不透明（图2-4A）；革兰氏染色呈阳性，短直杆状，两端钝圆（图2-4B）；芽孢呈椭圆形，链状中生，不膨大（图2-4C）。生理生化结果如表2-3所示，菌株SEM-15为好氧菌，能分解淀粉、利用葡萄糖、M.R.试验、V-P试验、溶菌酶、过氧化氢酶、硝酸盐

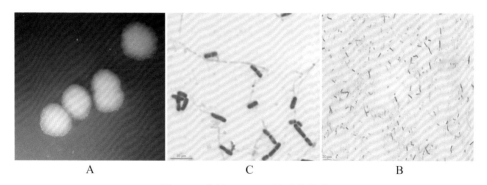

图2-4　菌株SEM-15的形态鉴定

（A：菌落形态；B：革兰氏染色；C：芽孢染色）

表2-3　SEM-15生理生化鉴定结果

生理生化反应指标	SEM-15	生理生化反应指标	SEM-15	生理生化反应指标	SEM-15
甲基红	+	尿素	+	麦芽糖同化	-
淀粉水解	+	α-葡萄糖苷酶	+	葡萄糖酸钾同化	-
葡萄糖	+	蛋白水解酶	+	羊蜡酸同化	-
运动能力	+	β-半乳糖苷酶	-	己二酸同化	-
硝酸盐还原	+	葡萄糖同化	+	苹果酸同化	+
溶菌酶	+	阿拉伯糖同化	-	枸橼酸钠同化	+
精氨酸二水解酶	+	甘露糖同化	-	苯乙酸同化	-
苯丙氨酸脱氨酶	-	甘露醇同化	-		
V-P试验	+	乙酰葡萄糖胺同化	+		

还原、吲哚和动力试验等测定结果均呈阳性，苯丙氨酸脱氨酶、尿素酶、β-半乳糖苷酶等试验结果则为阴性。

利用细菌通用16S rRNA基因引物27F/1492R对菌株SEM-15的基因组DNA进行PCR扩增测序，利用NCBI-Blast进行序列比对，发现菌株SEM-15与蜡样芽孢杆菌同源率达99%。采用MEGA X构建了16S rRNA基因的系统发育树（图2-5），该菌株与蜡样芽孢杆菌在同一分枝。

因此，基于生理生化实验结果和16S rRNA基因序列比对结果综合分析，参照《伯杰氏鉴定细菌学手册》，初步鉴定该菌株为蜡样芽孢杆菌。

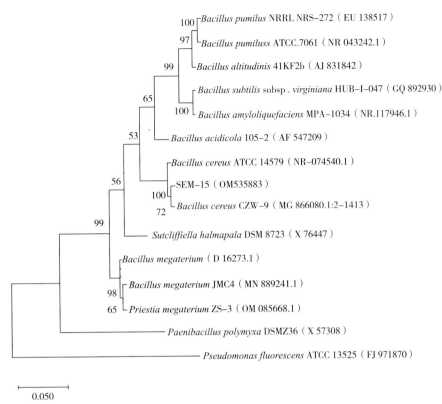

图2-5 基于16S rRNA基因序列的SEM-15菌株系统发育树

（图中括号内为菌株GenBank登录号；bootstrap次数设置为1 000；分支点上的数字表示
bootstrap值；左下角标尺表示5%的序列进化差异）

三、菌株SEM-15的生长特性

通过检测菌株SEM-15不同生长时间的OD_{600}变化值，分析了不同培养温度、pH值及NaCl浓度对SEM-15菌株生长的影响。结果如图2-6所示，该菌株具有一定的抗逆适应能力。菌株SEM-15的耐受pH值范围为6.0～10.0，最适生长pH值范围为6.0～8.0，最适生长温度范围为35～45 ℃；在NaCl浓度范围内生长情况显示，1%浓度时菌株的增殖速度最快，随着浓度升高，菌株增殖速度降低，至4%浓度时仍可生长繁殖，但超过该浓度后，菌株难以增殖。

通过在NA培养基中添加不同浓度的铅、镉、镍等重金属离子梯度驯化后，划线培养，发现SEM-15菌株可以分别在1 000 mg/L铅、20 mg/L镉及

200 mg/L镍的环境下正常生长，说明SEM-15菌株对多种重金属具有较好的耐受性。

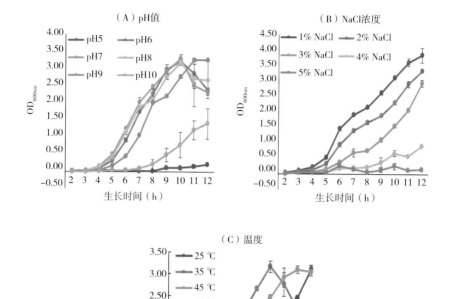

图2-6 菌株SEM-15的生长特性分析

四、菌株SEM-15功能鉴定

（一）溶解无机磷能力分析

通过钼锑抗比色法对待检测菌株Pb2、Pb4、Pb5、Pb6、Pb7、Pb8、Pb9及SEM-15的溶解无机磷能力进行分析。结果发现，在以磷酸钙为唯一磷源的无机磷发酵培养基中进行发酵后，Pb2、Pb9及SEM-15三个菌株在发酵4天的发酵液中可溶性磷的浓度显著高于对照菌株，而SEM-15菌株的溶解磷酸钙能力最高（图2-7A）。进一步测定了菌株SEM-15在发酵3～14天发酵液中可溶性磷的浓度变化趋势。结果发现，在发酵的3～14天内，发酵液中可溶性磷浓度范围由75 mg/L上升至110 mg/L（图2-7B），且随时间增加可溶性磷浓度呈上升趋势。

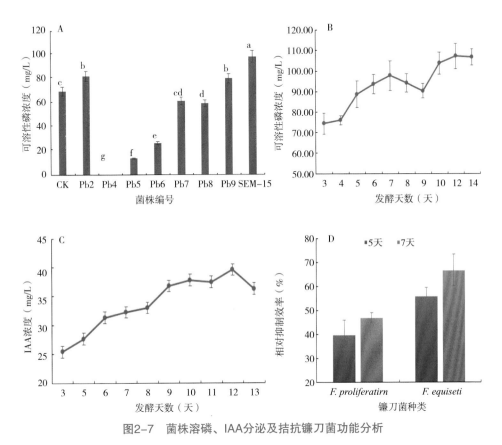

图2-7　菌株溶磷、IAA分泌及拮抗镰刀菌功能分析

（A：不同菌株对磷酸钙的溶解能力差异分析，不同小写字母表示差异显著；B、C：菌株SEM-15在不同发酵时间培养基中的可溶性磷浓度及IAA浓度的变化；D：菌株SEM-15在与镰刀菌对峙培养过程中对镰刀菌菌丝生长的相对抑制情况）

（二）菌株SEM-15分泌IAA水平分析

为进一步分析菌株SEM-15是否具有分泌吲哚乙酸（IAA）的能力，采用Salkowski试剂定量检测不同发酵时间的菌液中的IAA含量。菌株SEM-15在不同发酵时间的IAA分泌结果见图2-7C。结果表明从第3天到第12天产生

IAA的量不断增加，在第12天时达到了41.83 mg/L。

（三）菌株SEM-15对镰刀菌的拮抗功能鉴定

利用平板对峙法分析了菌株SEM-15对镰刀菌的拮抗效果。拮抗结果表明，菌株SEM-15对层出镰刀菌和木贼镰刀菌抑制效果较为显著。对峙培养5天、7天测量镰刀菌的菌落半径，计算相对拮抗效率，发现在对峙培养的5~7天，菌株SEM-15对层出镰刀菌和木贼镰刀菌都有显著的拮抗效果，且7天的拮抗效果好于5天（图2-7D、图2-8）。

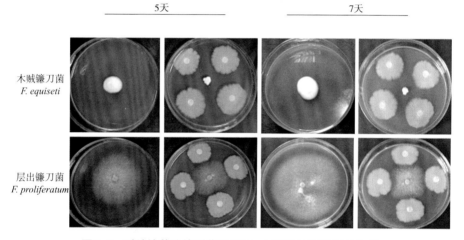

图2-8　对峙培养法检测菌株SEM-15对镰刀菌的拮抗作用

（四）药物敏感实验

通过药敏纸片琼脂扩散法检测了菌株SEM-15对四环素、金霉素、磺胺、恩诺沙星及苯氟尼考5种常用渔药和青霉素、链霉素、氯霉素、卡那霉素及硫酸庆大霉素5种常见环境污染抗生素的耐受性。结果如表2-4所示。菌株SEM-15对青霉素和磺胺不敏感（耐药），对四环素、恩诺沙星、氟苯尼考、链霉素、氯霉素及卡那霉素的抑菌圈直径在16.00 mm以上，表现为敏感；对金霉素和硫酸庆大霉素的抑菌圈直径为10.00~16.00 mm，表现为中度敏感（低耐药）（表2-4）。

表2-4　菌株SEM-15的药物敏感性试验结果（KB纸片扩散法）

抗生素	抑菌圈直径（DIZ）（mm）	敏感性
青霉素	0	R
卡那霉素	22	S
氯霉素	16～22	S
链霉素	24	S
四环素	16～18	S
金霉素	12～16	I
硫酸庆大霉素	15	I
磺胺	0	R
恩诺沙星	24～28	S
氟苯尼考	24～28	S

注：DIZ=0 mm，为R，表示耐药；0<DIZ≤16 mm，为I，表示中度敏感；DIZ>16 mm，为S，表示高度敏感。

综上，本研究从污染严重的塘泥中筛选出一株生长适应性较强的对重金属铅有较好耐受性及吸附性能的菌株SEM-15，经鉴定为蜡状芽孢杆菌。SEM-15对铅有很好的耐受性，具有较好的溶解无机磷及分泌吲哚乙酸的功能，对层出镰刀菌和木贼镰刀菌有较强的拮抗作用，因此该菌株可能具有很好的重金属铅污染修复及促生防病的应用潜力，尤其在重金属污染土壤联合植物修复的应用中具有很好的开发价值。关于该菌株在重金属铅修复中的作用方式、应用技术及其效果评价还需要进一步的研究。

第五节　塘泥有机肥加工工艺

一、塘泥好氧堆肥发酵工艺

选择有机质含量达到19%的塘泥为堆肥原料，调理剂选择蚕沙和蘑菇渣，其中蚕沙来自广东省农业科学院蚕业与农产品加工研究所自产的蚕沙，蘑菇渣为市售的产品，三者的配比为6：2：2。塘泥晾干粉碎，与蚕沙和蘑菇渣按比例充分搅拌混合，均匀加入水，控制混合物料含水率50%~60%，即抓一把在手里，握紧成团，指缝间不见水，松开手轻轻一碰即散开。控好水分后开始堆肥发酵，堆料第2天迅速升温超过60 ℃，中部达到或超过70 ℃，当堆体温度超过70 ℃时进行翻堆，10天左右翻一次堆，整个发酵过程50 ℃以上高温期达到8天，通过约25天的发酵，堆料的温度降至30 ℃，含水率在35%~45%，完成整个发酵过程。

二、塘泥肥料造粒工艺

发酵好的堆料，通过加料机，输送至圆盘造粒机造粒，通过水喷雾和圆盘的不断转动，使物料团聚成球。成球的物料通过输送带运到烘干筒，烘干筒筒体温度控制在150 ℃，物料经烘干后，水分控制在30%以内，经输送带运到筛分机筛分，筛分出直径2~5 cm的颗粒，经输送带运至成品斗仓，产品检测合格后进行包装。

三、塘泥肥料肥效盆栽效果

利用堆肥腐熟后的塘泥进行了盆栽菜心试验，证实施用塘泥有机肥料的菜心产量高于鸡粪有机肥料和空白对照区，达到显著性差异（表2-5），维生素C含量与鸡粪有机肥料组相当。

表2-5　塘泥肥料菜心盆栽试验调查

处理	总平均鲜重（g）	样本平均鲜重（g）	样本平均干重（g）	维生素C（mg/kg）
塘泥有机肥料	22.20 ± 4.67 a	23.23 ± 4.07 a	1.51 ± 0.32 a	586.1 ± 3.9 a
鸡粪有机肥料	18.36 ± 4.42 b	19.32 ± 3.29 b	1.36 ± 0.20 b	590.3 ± 2.7 a
空白对照	9.58 ± 6.01 c	14.96 ± 4.58 c	1.08 ± 0.37 c	485.5 ± 4.3 b

注：同列不同小写字母表示差异显著（$P<0.05$）。

第三章　蚕桑资源水产饲料创制

蚕桑产业是一项资源可以再生、具有经济与生态双重效应、符合可持续发展道路的产业，桑树种植在我国已有近5 000年历史。长期以来，蚕桑业主要是"栽桑 — 养蚕 — 采茧 — 缫丝 — 丝绸"生产经营模式，即主要为丝绸工业提供原料，而其生产过程中产生的蚕蛹、桑叶、蚕沙等大宗副产物，长期未得到合理高效利用。这些副产物中富含多种营养和功能成分，是一种理想的饲料原料，具有潜在的食用和饲用价值。

第一节　蚕桑资源营养成分分析与饲料加工技术

一、蚕蛹的营养组分及饲用价值

蚕蛹是缫丝业的副产品，是一笔宝贵的自然资源，为了充分开发利用其价值，首先对蚕蛹的营养成分进行了测定分析，结果如表3-1、表3-2和表3-3所示。结果显示，蚕蛹富含蛋白质和脂肪，其中粗蛋白含量占蚕蛹干重的51.82%，粗脂肪含量达到29.00%（表3-1）。

表3-1　蚕蛹粉营养成分分析结果

营养成分	含量（％）
粗蛋白	51.82
粗脂肪	29.00

（续表）

营养成分	含量（%）
粗纤维	2.50
粗灰分	4.60
钙	0.17
磷	0.73
水分	6.97
水溶性氯化物	0.14

此外，蚕蛹中含有18种氨基酸，必需氨基酸如蛋氨酸、赖氨酸、亮氨酸、缬氨酸、异亮氨酸、苏氨酸、苯丙氨酸等在蚕蛹中含量均较高，总量可达17.78%，占总氨基酸的40.09%（表3-2），必需氨基酸与非必需氨基酸之间的质量比为0.67，与WHO/FAO提出的"必需氨基酸占总氨基酸的40%左右，必需氨基酸与非必需氨基酸之比为0.6左右"的参考蛋白模式非常接近，是一种比大豆蛋白更具营养价值的优质蛋白质资源。

表3-2　蚕蛹粉氨基酸成分分析结果

氨基酸	含量（g/100 g）	氨基酸	含量（g/100 g）
天冬氨酸Asp	4.74	亮氨酸Leu	3.37
苏氨酸Thr	1.89	酪氨酸Tyr	2.69
丝氨酸Ser	1.63	苯丙氨酸Phe	2.15
谷氨酸Glu	4.97	组氨酸His	1.47
甘氨酸Gly	3.57	赖氨酸Lys	3.30
丙氨酸Ala	2.58	精氨酸Arg	2.73
胱氨酸Cys	0.25	脯氨酸Pro	1.94
缬氨酸Val	2.86	色氨酸Trp	0.61
蛋氨酸Met	1.47	氨基酸总量	44.35
异亮氨酸Ile	2.13		

　　同时，蚕蛹中不饱和脂肪酸的含量也很高，其中油酸占27.1%、亚麻酸占38.3%（表3-3）。不饱和脂肪酸是一类对动物生长性能有很大影响的营养物质，并且还能参与动物机体生物膜构成，调控脂类代谢，对机体免疫、繁殖性能及畜产品品质等都有着非常重要的作用。因此，蚕蛹是一种饲用价值较高的蛋白饲料资源。

表3-3　蚕蛹粉脂肪酸组成成分

脂肪酸	含量（%）
豆蔻酸（C14：0）	0.2
棕榈酸（C16：0）	21.5
棕榈一烯酸（C16：1）	—
硬脂酸（C18：0）	5.3
油酸（C18：1）	27.1
亚油酸（C18：2）	—
亚麻酸（C18：3）	38.3
花生酸（C20：0）	0.2
二十碳烯酸（C20：1）	—
山嵛酸（C22：0）	—
二十二碳烯酸（C22：1）	—
二十四碳酸（C24：0）	—

注：—表示未检测到。

二、桑叶营养物质及其发酵料评价分析

　　为了评价分析不同品种桑叶的营养物质，选取了4种不同来源的桑叶进行分析。其中，广东大10、广东抗10均采摘自广东省农业科学院蚕业与农产品加工研究所花都宝桑园基地，陕西的吴堡桑和四川的湘7092分别为陕西、四川种植的生态桑品种。各品种桑叶于2014年6—8月采摘，经自然晾晒2~3天后，粉碎制得；其中大10发酵料由大10桑叶粉、麸皮、豆粕按一定比例混合后，采用多菌种联合发酵制得。

（一）基本营养物质组成

经实验测定，各品种及发酵料的基本营养物质见表3-4。结果显示，桑叶营养全面，含有丰富的蛋白质、脂肪酸、纤维素以及矿物质元素等。各桑树品种及发酵料的干物质含量均接近90%。4个品种的桑叶粗蛋白含量相差不大，均为17%～18%，经发酵后发酵料的蛋白含量显著提高，达到28.3%。4个品种的桑叶粗纤维含量相差不大；抗10的粗脂肪含量明显高于其他品种及发酵料，但粗灰分含量较其余4种都低；钙、磷含量最高的分别是吴堡桑、发酵料。由此可见，不同的桑品种、生长地区和采摘时间等使得桑叶的营养物质组成稍有差异，但总体差别不大。

表3-4　各品种桑叶及发酵料的基本营养成分　　　　（单位：%）

营养物质	大10	抗10	吴堡桑	湘7092	发酵料
干物质	88.6	89.4	89.3	90.5	89.5
粗蛋白	18	17.9	17.1	17.3	28.3
粗脂肪	3.1	8.7	2.6	4.7	3.2
粗纤维	1.9	1.7	2.2	2.2	1.2
粗灰分	13.6	8.3	13.3	13.4	10.8
无氮浸出物	52	52.8	54.1	52.9	46.0
钙	1.58	1.61	2.65	1.83	2.01
磷	0.55	0.12	0.22	0.22	0.61

（二）氨基酸组成

实验测定了各品种及发酵料的水解氨基酸组成，见表3-5。结果显示，这4种桑叶的氨基酸含量都很丰富，而且种类齐全，尤其大10及发酵料的氨基酸含量最高。猪、鸡、牛、羊等畜禽的第一或第二限制性氨基酸赖氨酸、蛋氨酸，在5种原料中的含量均较高，并且4种桑叶中都含有丰富的8种必需氨基酸。因此，桑叶可作为一种优良的饲料蛋白质原料，在饲料中适量添加，有利于补充谷物等常规饲料缺乏的各种氨基酸，调节饲料中氨基酸种类及其含量的平衡。

表3-5　各品种桑叶及发酵料氨基酸组成（风干基础）　　　　（单位：g/100 g）

氨基酸	大10	抗10	吴堡桑	湘7092	发酵料
天冬氨酸Asp	2.1	1.66	1.61	1.71	2.14
苏氨酸Thr	0.97	0.65	0.63	0.71	0.97
丝氨酸Ser	0.94	0.64	0.66	0.73	1.02
谷氨酸Glu	2.66	1.62	1.56	1.84	3.06
甘氨酸Gly	1.13	0.78	0.73	0.87	1.17
丙氨酸Ala	1.29	0.82	0.79	0.92	1.34
胱氨酸Cys	0.082	0.095	0.075	0.1	0.1
缬氨酸Val	1.23	0.81	0.81	0.94	1.24
蛋氨酸Met	0.11	0.087	0.069	0.063	0.14
异亮氨酸Ile	0.98	0.63	0.65	0.72	0.99
亮氨酸Leu	1.85	1.18	1.17	1.32	1.85
酪氨酸Tyr	0.66	0.41	0.4	0.47	0.63
苯丙氨酸Phe	1.18	0.73	0.75	0.83	1.16
组氨酸His	0.44	0.28	0.26	0.31	0.45
赖氨酸Lys	1.11	0.81	0.79	0.94	1.13
精氨酸Arg	1.21	1.1	0.69	0.86	1.19
脯氨酸Pro	0.99	0.74	0.77	0.84	1.13
氨基酸总量	18.9	13	12.4	14.2	19.7

三、蚕沙的营养组分、饲用价值和安全性评估

蚕沙是蚕食下桑叶后的粪便，而生产上所说的蚕沙还包括少量家蚕吃剩的桑叶、桑枝等成分。蚕沙喂鱼由来已久，最典型的就是珠江三角洲地区的桑基鱼塘生态养殖模式，特别是在以四大家鱼为主的饲养环境里，蚕沙可以作为饲料直接喂鱼。为了探究蚕沙作为饲料原料的可能性，对不同来源的蚕沙营养成分做了详细的分析。

（一）不同来源蚕沙营养、功能性成分分析

试验选取了广西壮族自治区（简称广西，下同）、广东、山西、山东、浙江5个省区的蚕沙，其中，山东、浙江蚕沙为工艺提取叶绿素后的蚕沙，其余3种蚕沙为5龄蚕蚕沙，广东、广西样品未清除蚕沙中的残余桑叶，山西样清除了残余桑叶。对5份蚕沙样品测定结果见表3-6，经提取叶绿素工艺后，山东、浙江的样品较其他样品叶绿素含量大幅度降低，多酚、多糖含量也较少，但蛋白、灰分、磷、钙含量较高。由本试验数据可以初步得出，经过工业提取叶绿素后的蚕沙，其功能活性成分有所降低，但其营养成分高于未处理的其他蚕沙。

表3-6   不同来源蚕沙指标测定

项目	广西	广东	山西	山东	浙江
蛋白（%）	11.35 ± 0.52	11.69 ± 0.22	10.45 ± 0.37	14.42 ± 0.12	14.51 ± 0.44
灰分（%）	12.85 ± 0.09	11.41 ± 0.05	13.64 ± 0.13	17.48 ± 0.13	23.67 ± 0.11
粗纤维（%）	43.2	32.7	13.2	—	22.1
钙（%）	0.73 ± 0.04	0.57 ± 0	0.77 ± 0.02	0.91 ± 0.03	1.25 ± 0.01
磷（%）	0.21 ± 0	0.19 ± 0	0.23 ± 0	0.24 ± 0	0.26 ± 0
多酚（mg/g）	3.18 ± 0.37	8.35 ± 0.54	1.96 ± 0.08	0.96 ± 0.1	1.27 ± 0.02
多糖（%）	11.34 ± 0.1	12.42 ± 0.37	10.8 ± 2.33	8.58 ± 0.31	8.98 ± 0.41
叶绿素（%）	3.72 ± 0.31	3.51 ± 0.52	2.52 ± 0.17	0.45 ± 0.14	0.55 ± 0.07

注：—表示未检测。

（二）不同来源蚕沙重金属与蚕药残留检测

此外，测定了广西、广东、云南、山西、浙江5份蚕沙的重金属含量与蚕药残留，见表3-7。从表3-7中数据可以看出，有害重金属均在《饲料卫生标准》允许的范围内，且有益金属铁、铜含量较高。另外，常用的蚕药诺氟沙星、多菌灵也并未在蚕沙中有所残留，表明蚕沙可作为安全放心的饲料源。

表3-7　不同来源蚕沙重金属含量与蚕药残留测定　（单位：mg/g）

项目	广西	广东	云南	山西	浙江
铅	—	—	3.67	2.26	4.69
砷	0.04	0.11	1.39	0.09	0.96
汞	0.02	0.02	0.03	0.04	0.03
镉	—	—	—	—	—
铜	6.9	9	8.4	6.5	12
铁	190	220	490	440	1 400
诺氟沙星	—	—	—	—	—
多菌灵	—	—	—	—	—

注：—表示未检出。

第二节　蚕桑饲料发酵工艺及营养成分分析

一、蚕蛹固态发酵过程中品质变化研究

蚕蛹中富含蛋白质、脂肪、氨基酸、不饱和脂肪酸等，与此同时，蚕蛹壳含有4%～6%的几丁质，不易消化；蚕蛹脂肪含量高，极易氧化变质产生异味，影响饲料的适口性和各类产品的风味。另外，蚕蛹氨基酸不平衡，缺乏维生素等。因此，蚕蛹作为饲料蛋白时必须解决除臭、降解几丁质、干燥等关键技术，并根据营养平衡原理找出与其他蛋白饲料合理搭配关系，而利用微生物发酵能够有效解决上述问题。

本研究以蚕蛹、豆粕（比例为3：2）为主要发酵基质，辅以少量糖蜜、硫酸铵、磷酸二氢钾等补充营养源，采用乳酸菌、芽孢杆菌、酿酒酵母进行多菌联合发酵。以发酵前后脂肪酸、游离氨基酸和粗纤维、概略养分的

变化来分析评价蚕蛹饲料化利用发酵过程中的品质变化。

由表3-8可知，蚕蛹豆粕发酵饲料发酵前后脂肪酸变化不大，说明这3种益生菌发酵不改变原料的脂肪酸组成，但混合发酵后棕榈酸、油酸较豆粕和蚕蛹均有所提高，较蚕蛹分别提高8.35%和22.67%，较豆粕分别提高124.76%和61.29%，且发酵后的蚕蛹豆粕脂肪酸的主要成分为棕榈酸、油酸和亚麻酸，尤其是油酸和亚麻酸总共占了63.78%，这对动物的生物膜系统有很好的保护和更新作用。

表3-8　蚕蛹发酵前后分别与豆粕、蚕蛹的脂肪酸构成比较　　（单位：%）

脂肪酸	发酵前	发酵后	豆粕	蚕蛹
豆蔻酸（C14：0）	0.160	0.160	0.1	0.17
棕榈酸（C16：0）	23.700	23.600	10.5	21.78
棕榈一烯酸（C16：1）	1.000	1.000	0.2	3.10
十七烷酸（C17：0）	0.093	0.094	—	0.16
硬脂酸（C18：0）	5.300	5.400	3.8	6.29
油酸（C18：1）	35.100	35.000	21.7	28.53
亚油酸（C18：2）	5.600	5.700	53.1	7.19
γ-亚麻酸（C18：3）	0.360	0.380	7.4	32.06
α-亚麻酸（C18：3）	28.400	28.400		
二十碳三烯酸（C20：3）	0.064	0.065	—	0.10

由表3-9可知，蚕蛹豆粕混菌固态发酵后游离氨基酸含量有所增加，发酵后的氨基酸组成与单一的蚕蛹和豆粕相比，酪氨酸、蛋氨酸、异亮氨酸介于豆粕和蚕蛹之间，必需氨基酸缬氨酸、苯丙氨酸和亮氨酸均高于蚕蛹、豆粕，其余必需氨基酸与豆粕相差不大，可见氨基酸的品质提高。此外，可以看出发酵后总氨基酸含量高达44.84%。

表3-9　蚕蛹豆粕粉的游离氨基酸及水解氨基酸组成　（单位：g/100 g）

氨基酸种类	蚕蛹豆粕粉的游离氨基酸含量		蚕蛹豆粕粉的氨基酸组成及分别与蚕蛹、豆粕的比较		
	发酵前	发酵后	发酵后	豆粕	蚕蛹
天冬氨酸ASP	0.046	0.030	4.38	—	—
谷氨酸GLU	0.170	0.190	7.14	—	—
丝氨酸SER	0.061	0.077	1.86	—	—
甘氨酸GLY	0.050	0.065	2.38	—	—
苏氨酸THR	0.034	0.048	1.69	1.85	2.24
组氨酸HIS	0.180	0.250	1.03	1.22	1.57
丙氨酸ALA	0.091	0.072	2.87	—	—
精氨酸ARG	0.027	0.120	2.56	3.43	2.79
酪氨酸TYR	0.034	0.160	1.97	1.57	3.67
缬氨酸VAL	0.064	0.068	2.66	2.26	2.47
蛋氨酸MET	0.019	0.015	1.17	0.68	1.47
苯丙氨酸PHE	0.031	0.034	2.73	2.33	2.66
异亮氨酸ILE	0.033	0.042	2.19	2.10	2.19
亮氨酸LEU	0.039	0.049	5.08	3.57	3.44
赖氨酸LYS	0.054	0.068	2.43	2.99	3.33
脯氨酸PRO	0.150	0.150	2.70	—	—
总和	1.080	1.440	44.84	—	—
粗纤维CF（%）	2.690	2.460			

注：表中豆粕氨基酸含量引自2013年第24版的中国饲料成分及营养价值表；蚕蛹的氨基酸含量引自张子仪主编的《中国饲料学》（2000年），其他均为实测值。

由表3-10可见，蚕蛹豆粕固态发酵过程中的粗蛋白、粗脂肪、粗灰分和钙磷在数值上变化幅度不大，但都存在不同程度的显著性差异。粗蛋白在0 ~ 16 h、24 ~ 40 h、40 ~ 56 h差异不显著（$P>0.05$）；粗脂肪在8 ~ 56 h差异不显著（$P>0.05$）；粗灰分和钙在发酵40 h时差异不显著（$P>0.05$），发酵后期显著提高（$P<0.05$）；磷在发酵32 h时显著高于其他发酵时间（$P<0.05$），其他发酵时间差异不显著（$P>0.05$）。

表3-10　发酵过程中概略养分的变化

发酵时间（h）	粗蛋白（%）	粗脂肪（%）	粗灰分（%）	钙（%）	磷（%）
0	49.40 ± 0.04 e	19.50 ± 0.08 b	5.28 ± 0.01 c	0.23 ± 0.01 b	1.42 ± 0.05 b
8	49.88 ± 0.12 de	21.14 ± 0.07 a	5.31 ± 0.11 bc	0.23 ± 0.01 b	1.40 ± 0.02 b
16	49.79 ± 0.41 de	21.73 ± 2.23 a	5.23 ± 0.03 c	0.22 ± 0.01 b	1.39 ± 0.02 b
24	50.72 ± 0.83 bc	20.33 ± 0.53 ab	5.26 ± 0.05 c	0.23 ± 0.01 b	1.41 ± 0.02 b
32	50.38 ± 0.22 cd	21.48 ± 0.17 a	5.26 ± 0.09 c	0.23 ± 0.02 b	1.71 ± 0.31 a
40	51.13 ± 0.29 abc	20.84 ± 0.38 ab	5.21 ± 0.07 c	0.23 ± 0.02 b	1.42 ± 0.02 b
48	51.40 ± 0.09 ab	21.49 ± 0.08 a	5.40 ± 0.01 ab	0.23 ± 0.01 b	1.42 ± 0.02 b
56	51.60 ± 0.68 a	20.75 ± 0.67 ab	5.44 ± 0.02 a	0.27 ± 0.01 a	1.44 ± 0.02 b

二、桑叶青贮工艺研究

添加剂青贮是目前青贮领域的研究热点之一，糖蜜能为微生物提供快速可利用的碳源，甲酸能有效抑制杂菌的生长和植物的呼吸作用，乳酸菌能加速发酵进程，使乳酸菌迅速成为优势菌群，纤维素酶能将纤维素分解为微生物易于利用的营养源，因此，使用添加剂将提高桑叶青贮的成功率与青贮质量。本研究采用以下7种方式青贮：鲜切桑叶，添加糖蜜、甲酸、乳酸菌、市售青贮剂"微贮王"、纤维素酶、纤维素酶+乳酸菌，青贮50天后开瓶检测。并采用感官评定和实验室评定两种方式对青贮料质量进行评定。

（一）青贮桑叶的感官评定

感官评定是评价青贮料质量优劣最直观快捷的方式，主要包括色泽、气味、质地。优质的青贮饲料其色泽非常接近作物固有的颜色，具有轻微的酸香味和水果香味，且越能保持原有的质地结构的越好。从表3-11可以看出，糖蜜组、甲酸组、纤维素酶组、纤维素酶+乳酸菌组总分较高，青贮品质达到优等水平。

表3-11　桑叶不同青贮方式感官评分

组别	气味 （优等18～25分，良好9～17分，一般1～8分，劣等0分）		色泽 （优等14～20分，良好8～13分，一般1～7分，劣等0分）		质地 （优等8～10分，良好4～7分，一般1～3分，劣等0分）		总分（分）
鲜切桑叶组	略酸臭味	16分	金黄色	12分	松散软弱	9分	37
糖蜜组	略果香味，略酸味	21分	金黄色	12分	松散软弱	9分	42
甲酸组	略果香味，略酸味	22分	金黄色	13分	松散软弱	9分	44
乳酸菌组	浓酸味	20分	淡黄褐色	7分	松散软弱	8分	35
微贮王组	浓酸味，略刺鼻	16分	淡黄褐色	6分	略带黏性	3分	25
纤维素酶组	淡酸味，略刺鼻	15分	亮黄色	16分	松散软弱	9分	40
纤维素酶+乳酸菌组	酸香味较浓	20分	亮黄色	18分	松散软弱	9分	47

（二）青贮桑叶的实验室评定

粗蛋白和粗脂肪是饲料原料的主要营养指标，多糖、黄酮是桑叶的主要功能活性物质，从表3-12可以得出，乳酸菌组的粗蛋白和粗脂肪含量均相对较高，多糖含量则以甲酸组明显高于其他组，黄酮含量以微贮王组最高。

从表3-13可以看出，青贮桑叶以添加乳酸菌的两组pH值最低，达到保存青绿饲料所需的pH值4.2，这主要是因为青贮前添加乳酸菌，能使乳酸菌迅速成为优势菌群，产生大量乳酸，从而抑制杂菌的生长。获得优质青贮料的前提是能为乳酸菌提供足够的水溶性碳水化合物，试验得出，甲酸组水溶性碳水化合物含量最大，这可能是由于甲酸在青贮发酵过程中可促进多糖酶水解，具有保存青贮原料本身含有的可溶性糖和由多糖转化而来的可溶性糖的优点。氨态氮与总氮的比值反映了青贮料中蛋白质及氨基酸分解的程度，比值越大说明蛋白质分解越多，意味着青贮料的质量越不好，7个试验组铵态氮与总氮的比值均小于5，表明蛋白质分解较少，且以纤维素+乳酸菌组最低。

表3-12　桑叶不同青贮方式主要营养成分与功能活性物质比较

组别	干物质（％）	粗蛋白（％）	粗脂肪（％）	多糖（％）	黄酮（mg/g）
鲜切桑叶组	91.73 ± 0.39	22.2 ± 0.48	5.04 ± 0.79	11.14 ± 1.53	61.36 ± 0.95
糖蜜组	92.57 ± 0.38	21.3 ± 0.31	5.24 ± 0.11	11.14 ± 0.57	79.53 ± 2.81
甲酸组	92.22 ± 0.31	21.45 ± 0.25	4.08 ± 0.03	22.12 ± 0.47	61.21 ± 7.65
乳酸菌组	92.63 ± 0.96	22.45 ± 0.03	6.83 ± 0.84	11.29 ± 0.57	66.81 ± 2.82
微贮王组	92.93 ± 0.46	21.11 ± 0.46	3.51 ± 0.51	11.06 ± 0.54	80.62 ± 6.4
纤维素酶组	92.38 ± 1.24	21.19 ± 0.47	4.17 ± 0.15	9.11 ± 0.46	63.95 ± 5.72
纤维素酶+乳酸菌组	93.73 ± 0.15	22.48 ± 1.45	4.48 ± 0.36	12.4 ± 0.4	69.39 ± 2.7

表3-13　桑叶不同青贮方式发酵品质比较

组别	pH值	水溶性碳水化合物（％）	铵态氮/总氮
鲜切桑叶组	5.27 ± 0.02	3.49 ± 0.13	2.33 ± 0.36
糖蜜组	4.76 ± 0.02	2.4 ± 0.37	2.33 ± 0.22
甲酸组	5.42 ± 0.08	8.73 ± 1.4	1.68 ± 0.44
乳酸菌组	4.2 ± 0.02	2.42 ± 0.14	1.64 ± 0.48
微贮王组	4.39 ± 0.04	2.72 ± 0.35	2.5 ± 0.54
纤维素酶组	5.07 ± 0.01	2.66 ± 0.22	3.14 ± 0.24
纤维素酶+乳酸菌组	4.23 ± 0.02	2.45 ± 0.16	0.44 ± 0.07

综合感官评定与营养成分评定的结果，笔者认为添加剂青贮优于自然青贮，其中，添加甲酸、乳酸菌、纤维素酶+乳酸菌3种方法的效果较好，并确立青贮桑叶的优势模式为添加纤维素酶+乳酸菌青贮桑叶。

表3-15　桑叶粉对草鱼生长性能的影响

项目	对照组	5%桑叶粉	10%桑叶粉	15%桑叶粉	20%桑叶粉
初始体均重（g）	1 058.91 ± 79.19	1 094.70 ± 80.45	1 183.15 ± 88.31	1 095.75 ± 67.31	1 127.78 ± 68.06
终末体均重（g）	1 826.67 ± 294.94	1 963.33 ± 145.01	2 063.33 ± 207.24	1 913.33 ± 166.21	2 013.33 ± 235.17
增重率（%）	71.71 ± 16.02	79.37 ± 3.44	74.12 ± 5.09	74.41 ± 5.94	78.02 ± 10.16
特定生长率（%/天）	0.90 ± 0.15	0.97 ± 0.03	0.92 ± 0.05	0.93 ± 0.06	0.96 ± 0.10
饲料系数	2.75 ± 0.72	2.33 ± 0.19	2.28 ± 0.33	2.61 ± 0.35	2.18 ± 0.41
存活率（%）	100	100	100	100	100

注：同一行，无字母表示差异不显著（$P>0.05$）。

与对照组相比，饲料中添加不同比例的桑叶粉对草鱼的体长、体重、胸围、肝体指数和肥满度都没有显著影响（$P>0.05$）；添加10%的桑叶粉使草鱼的脏体指数显著高于对照组和15%桑叶粉添加组（$P<0.05$）（表3-16）。

表3-16　桑叶粉对草鱼形体指标的影响

项目	对照组	5%桑叶粉	10%桑叶粉	15%桑叶粉	20%桑叶粉
体长（cm）	53.52 ± 2.47	55.53 ± 1.58	56.00 ± 1.24	55.40 ± 1.36	54.77 ± 1.54
体重（g）	1 826.67 ± 294.94	1 963.33 ± 145.01	2 063.33 ± 207.24	1 913.33 ± 166.21	2 013.33 ± 235.17
胸围（cm）	29.08 ± 1.70	29.20 ± 0.77	30.67 ± 1.40	29.37 ± 1.10	30.33 ± 1.21
脏体指数（%）	10.62 ± 1.21a	11.11 ± 1.14 ab	12.92 ± 1.88 b	9.90 ± 1.93 a	11.16 ± 1.18 ab

（续表）

项目	对照组	5%桑叶粉	10%桑叶粉	15%桑叶粉	20%桑叶粉
肝体指数（%）	1.74 ± 0.18	1.63 ± 0.28	1.76 ± 0.45	1.37 ± 0.21	1.77 ± 0.43
肥满度（%）	1.18 ± 0.05	1.15 ± 0.09	1.17 ± 0.09	1.12 ± 0.08	1.22 ± 0.08

注：同一行相同小写字母或无字母表示差异不显著（$P>0.05$）；不同小写字母表示差异显著（$P<0.05$）。

此外，用手术刀切下背部白肌，其中一侧鲜样用作肉质分析，检测其蛋白质和脂肪的含量。结果显示，与对照组相比，饲料中添加5%、10%和20%的桑叶粉能够显著提高草鱼肌肉中的蛋白质含量（$P<0.05$），其蛋白质含量分别提高了5.8%、4.5%和3.9%，而添加15%的桑叶粉对草鱼肌肉中的蛋白质含量无显著影响（$P>0.05$）；饲料中添加10%和15%的桑叶粉能够显著提高草鱼肌肉中的脂肪含量（$P<0.05$），其脂肪含量分别提高了35.8%和15.4%，而添加20%的桑叶粉则显著降低肌肉中的脂肪含量（$P<0.05$），添加5%的桑叶粉对肌肉中的脂肪含量无显著影响（$P>0.05$）（表3-17）。

表3-17　桑叶粉对草鱼肌肉营养成分的影响

项目	对照组	5%桑叶粉	10%桑叶粉	15%桑叶粉	20%桑叶粉
蛋白质（g/100 g）	17.77 ± 0.15 a	18.80 ± 0.20 b	18.57 ± 0.45 b	18.20 ± 0.40 ab	18.47 ± 0.25 b
脂肪（g/100 g）	0.65 ± 0.01 b	0.66 ± 0.02 b	0.88 ± 0.02 d	0.75 ± 0.01 c	0.61 ± 0.01 a

注：同一行相同小写字母表示差异不显著（$P>0.05$）；不同小写字母表示差异显著（$P<0.05$）。

与对照组相比，饲料中添加5%的桑叶粉能够显著提高草鱼背肌的硬度、黏性、咀嚼力和回复性（$P<0.05$），但对肌肉弹性、内聚力和剪切力无显著影响（$P>0.05$）；而饲料中添加10%和15%的桑叶粉能够显著降低草鱼背肌的内聚力（$P<0.05$），但对肌肉硬度、弹性、黏性、咀嚼力、回复性和剪切力均无显著影响（$P>0.05$）；而饲料中添加20%的桑叶粉能够显著降低草鱼背肌的内聚力和回复性（$P<0.05$），但对肌肉硬度、弹性、黏性、咀嚼力和剪切力无显著影响（$P>0.05$）（表3-18）。

表3-18　桑叶粉对草鱼肌肉品质的影响

项目	对照组1	5%桑叶粉	10%桑叶粉	15%桑叶粉	20%桑叶粉
硬度（g）	340.98 ± 96.42 ab	588.59 ± 223.71 c	456.65 ± 162.53 bc	418.58 ± 155.41 ab	288.73 ± 65.96 a
弹性（mm）	0.65 ± 0.05	0.63 ± 0.03	0.65 ± 0.07	0.65 ± 0.04	0.64 ± 0.03
内聚力（g）	0.64 ± 0.04 b	0.62 ± 0.04 ab	0.59 ± 0.04 a	0.60 ± 0.03 a	0.60 ± 0.02 a
黏性（g）	218.72 ± 61.01 ab	364.36 ± 140.57 c	271.77 ± 99.48 b	251.05 ± 87.49 ab	173.37 ± 40.13 a
咀嚼力（g）	143.13 ± 44.86 a	232.80 ± 94.22 b	176.85 ± 69.57 ab	162.50 ± 56.46 a	111.99 ± 28.11 a
回复性	0.29 ± 0.01 b	0.32 ± 0.02 c	0.28 ± 0.02 ab	0.28 ± 0.03 ab	0.27 ± 0.02 a
剪切力（N）	1.05 ± 0.44	1.34 ± 0.26	1.52 ± 0.62	1.52 ± 0.50	1.70 ± 0.53

注：同一行相同小写字母或无字母表示差异不显著（$P > 0.05$）；不同小写字母表示差异显著（$P < 0.05$）。

草鱼肌肉中共测出16种常见氨基酸，包括7种人体必需氨基酸（Thr、Val、Met、Ile、Leu、Phe和Lys），2种人体半必需氨基酸（His和Arg）和7种人体非必需氨基酸（Asp、Ser、Glu、Gly、Ala、Tyr和Pro）（表3-19）。其中，鲜味氨基酸4种（Asp、Glu、Gly和Ala），呈味氨基酸5种（Asp、Thr、Ser、Gly和Ala）。试验结果显示，与对照组相比，饲料中添加10%、15%和20%的桑叶粉都能够显著提高草鱼肌肉中鲜味氨基酸、呈味氨基酸、必需氨基酸、半必需氨基酸和总氨基酸的含量（$P < 0.05$），而添加5%的桑叶粉仅显著提高半必需氨基酸的含量（$P < 0.05$），对肌肉中鲜味氨基酸、呈味氨基酸、必需氨基酸和总氨基酸的含量无显著影响（$P > 0.05$）。其中，添加15%的桑叶粉对肌肉中鲜味氨基酸、呈味氨基酸和总氨基酸含量提高最多，分别达到7.0%、7.3%和5.8%，而添加20%的桑叶粉对肌肉中必需氨基酸和半必需氨基酸含量提高最多，分别达到5.2%和5.7%。但各试验组和对照组之间，EAA/TAA没有显著差异（$P > 0.05$），都在40%左右。除了15%桑叶粉添加组有显著差异外（$P<0.05$），其他组与对照组相比，EAA/NEAA没有显著差异（$P>0.05$）。同时，各试验组EAA/NEAA比值都超过80%。此外，饲料中添加5%、10%和20%的桑叶粉都能够显著提高草鱼肌肉中肌苷酸的含量（$P<0.05$），分别能够提高72.3%、176.8%和82.8%，但添加15%的桑叶粉显著降低草鱼肌肉中肌苷酸的含量（$P<0.05$）（表3-19）。

表3-19　桑叶粉对草鱼肌肉氨基酸组成的影响　　　　（单位：g/100 g）

项目	对照组	5%桑叶粉	10%桑叶粉	15%桑叶粉	20%桑叶粉
天冬氨酸Asp	1.79 ± 0.00 a	1.80 ± 0.00 a	1.87 ± 0.01 b	1.88 ± 0.01 b	1.88 ± 0.02 b
苏氨酸Thr	0.78 ± 0.00 a	0.79 ± 0.00 a	0.83 ± 0.00 b	0.83 ± 0.00 b	0.83 ± 0.01 b
丝氨酸Ser	0.73 ± 0.00 a	0.73 ± 0.00 a	0.76 ± 0.00 b	0.77 ± 0.01 b	0.76 ± 0.01 b
谷氨酸Glu	2.73 ± 0.00 a	2.72 ± 0.01 a	2.86 ± 0.02 b	2.88 ± 0.03 b	2.87 ± 0.02 b
甘氨酸Gly	0.83 ± 0.02 a	0.83 ± 0.00 a	0.87 ± 0.02 b	0.98 ± 0.00 c	0.89 ± 0.01 b
丙氨酸Ala	1.08 ± 0.01 a	1.08 ± 0.00 a	1.12 ± 0.01 b	1.13 ± 0.03 b	1.13 ± 0.01 b
缬氨酸Val	0.84 ± 0.00 a	0.86 ± 0.00 b	0.89 ± 0.00 c	0.89 ± 0.01 c	0.90 ± 0.01 d
蛋氨酸Met	0.56 ± 0.00 a	0.57 ± 0.00 b	0.59 ± 0.00 c	0.60 ± 0.00 d	0.60 ± 0.00 d
异亮氨酸Ile	0.78 ± 0.00 a	0.79 ± 0.00 b	0.82 ± 0.01 c	0.82 ± 0.01 c	0.82 ± 0.01 c
亮氨酸Leu	1.41 ± 0.00 a	1.41 ± 0.00 a	1.47 ± 0.01 b	1.48 ± 0.01 b	1.47 ± 0.01 b
酪氨酸Tyr	0.59 ± 0.00 a	0.59 ± 0.00 a	0.62 ± 0.01 c	0.61 ± 0.00 b	0.61 ± 0.01 b
苯丙氨酸Phe	0.73 ± 0.00 b	0.66 ± 0.00 a	0.75 ± 0.00 c	0.74 ± 0.00 c	0.75 ± 0.01 c
组氨酸His	0.47 ± 0.00 a	0.48 ± 0.00 a	0.52 ± 0.00 c	0.49 ± 0.00 b	0.51 ± 0.00 c
赖氨酸Lys	1.67 ± 0.00 a	1.68 ± 0.00 a	1.73 ± 0.01 b	1.74 ± 0.00 bc	1.75 ± 0.01 c
精氨酸Arg	1.10 ± 0.03 b	1.06 ± 0.00 a	1.10 ± 0.00 b	1.13 ± 0.02 bc	1.15 ± 0.01 c
脯氨酸Pro	0.58 ± 0.02 a	0.58 ± 0.00 a	0.61 ± 0.01 b	0.65 ± 0.00 c	0.60 ± 0.00 b
鲜味氨基酸DAA△	6.43 ± 0.02 a	6.43 ± 0.01 a	6.72 ± 0.00 b	6.88 ± 0.07 c	6.77 ± 0.06 b

（续表）

项目	对照组	5%桑叶粉	10%桑叶粉	15%桑叶粉	20%桑叶粉
呈味氨基酸FAA^	5.21 ± 0.03 a	5.22 ± 0.01 a	5.45 ± 0.01 b	5.59 ± 0.05 c	5.49 ± 0.05 b
必需氨基酸EAA*	6.77 ± 0.01 a	6.76 ± 0.02 a	7.08 ± 0.04 b	7.11 ± 0.02 b	7.12 ± 0.04 b
半必需氨基酸HEAA#	1.57 ± 0.03 b	1.54 ± 0.00 a	1.62 ± 0.01 c	1.62 ± 0.02 c	1.66 ± 0.01 d
总氨基酸TAA	16.68 ± 0.01 a	16.62 ± 0.02 a	17.41 ± 0.05 b	17.64 ± 0.07 c	17.52 ± 0.11 b
EAA*/TAA	0.41 ± 0.00 a	0.41 ± 0.00 a	0.41 ± 0.00 a	0.40 ± 0.00 a	0.41 ± 0.00 a
EAA*/NEAA	0.81 ± 0.00 a	0.81 ± 0.00 a	0.81 ± 0.00 a	0.80 ± 0.01 a	0.82 ± 0.00 ab
肌苷酸（mg/100g）	22.87 ± 0.06 b	39.40 ± 0.40 c	63.30 ± 0.50 e	15.70 ± 0.30 a	41.80 ± 0.30 d

注：同一行相同小写字母表示差异不显著（$P>0.05$）；不同小写字母表示差异显著（$P<0.05$）。DAA△，鲜味氨基酸；FAA^，呈味氨基酸；EAA*，必需氨基酸；HEAA#，半必需氨基酸；TAA，总氨基酸；NEAA，非必需氨基酸。

草鱼肌肉中的不饱和脂肪酸组成及含量见表3-20。草鱼肌肉中共检测出15种不饱和脂肪酸（UFA），其中单不饱和脂肪酸（MUFA）共有6种，多不饱和酸（PUFAs）共有9种。其中，MUFA中含量最高的为油酸（C18：1）；PUFA中含量最高的为亚油酸（C18：2），其次为花生四烯酸（C20：4）和二十二碳五烯酸（C22：5）。与对照组相比，饲料中添加不同比例的桑叶粉都能显著提高草鱼肌肉中总的单不饱和脂肪酸含量（$P<0.05$），特别是油酸，在5%、10%、15%和20%桑叶粉添加组中分别提高了4.2%、17.8%、18.6%和13.4%；添加10%、15%和20%比例的桑叶粉都能显著降低草鱼肌肉中总的多不饱和脂肪酸的含量（$P<0.05$），而添加5%比例的桑叶粉对草鱼肌肉中总的多不饱和脂肪酸含量无显著影响（$P>0.05$），但是添加不同比例的桑叶粉都能显著提高亚油酸（C18：2）和亚麻酸（C18：3）的含量（$P<0.05$）；添加5%、10%和15%比例的桑叶粉能显著提高草鱼肌肉中总的不饱和脂肪酸的含量（$P<0.05$），而添加20%的桑叶粉能显著降低草鱼肌肉中总的不饱和脂肪酸的含量（$P>0.05$）（表3-20）。

表3-20　桑叶粉对草鱼肌肉不饱和脂肪酸组成的影响　　　（单位：%）

项目	对照组	5%桑叶粉	10%桑叶粉	15%桑叶粉	20%桑叶粉
棕榈一烯酸（C16：1）	4.38 ± 0.00 a	4.88 ± 0.01 b	5.58 ± 0.01 d	5.09 ± 0.00 c	5.02 ± 0.00 c
十七碳一烯酸（C17：1）	0.16 ± 0.00 a	0.19 ± 0.00 b	0.16 ± 0.00 a	0.21 ± 0.00 c	0.23 ± 0.00 d
油酸（C18：1）	29.10 ± 0.01 a	30.31 ± 0.01 b	34.28 ± 0.04 d	34.52 ± 0.03 d	33.01 ± 0.01 c
亚油酸（C18：2）	14.12 ± 0.02 b	14.77 ± 0.03 b	15.38 ± 0.03 c	16.43 ± 0.05 d	13.33 ± 0.03 a
亚麻酸LNA（C18：3）	1.50 ± 0.00 a	1.66 ± 0.00 b	1.80 ± 0.01 c	2.03 ± 0.01 d	2.08 ± 0.01 d
二十碳一烯酸（C20：1）	0.64 ± 0.00 a	0.70 ± 0.00 b	0.78 ± 0.01 d	0.80 ± 0.00 d	0.77 ± 0.00 c
二十碳二烯酸（C20：2）	1.45 ± 0.00 c	1.30 ± 0.00 a	1.34 ± 0.00 b	1.21 ± 0.00 a	1.34 ± 0.00 b
二十碳三烯酸（C20：3）	1.43 ± 0.00 d	1.34 ± 0.00 c	1.16 ± 0.00 a	1.18 ± 0.00 a	1.25 ± 0.00 b
花生四烯酸（C20：4）	8.87 ± 0.01 c	8.64 ± 0.01 c	5.65 ± 0.02 a	6.25 ± 0.00 b	6.11 ± 0.00 b
二十碳五烯酸（C20：5）	0.35 ± 0.00 c	0.34 ± 0.00 c	0.25 ± 0.00 a	0.29 ± 0.00 b	0.32 ± 0.00 c
芥酸（C22：1）	0.27 ± 0.00 d	0.19 ± 0.00 c	0.07 ± 0.00 a	0.15 ± 0.00 b	0.15 ± 0.00 b
二十二碳二烯酸（C22:2）	0.11 ± 0.00 a	0.11 ± 0.00 a	0.11 ± 0.00 a	0.12 ± 0.00 b	0.13 ± 0.00 c
二十二碳五烯酸（C22:5）	4.44 ± 0.01 e	4.18 ± 0.01 d	2.87 ± 0.00 a	3.09 ± 0.00 b	3.33 ± 0.00 c
二十二碳六烯（C22：6）	3.02 ± 0.03 d	3.04 ± 0.00 d	1.93 ± 0.01 a	2.15 ± 0.00 b	2.48 ± 0.02 c
二十四碳一烯酸（C24：1）	0.66 ± 0.00 b	0.65 ± 0.00 b	0.52 ± 0.01 a	0.53 ± 0.00 a	0.52 ± 0.00 a
∑MUFA	35.22 ± 0.01 a	36.92 ± 0.01 b	41.34 ± 0.03 d	41.31 ± 0.03 d	39.70 ± 0.02 c
∑PUFA	35.29 ± 0.02 c	35.38 ± 0.04 c	30.49 ± 0.07 a	32.74 ± 0.04 b	30.37 ± 0.04 a
∑UFA	70.51 ± 0.02 b	72.30 ± 0.03 d	71.88 ± 0.05 c	74.05 ± 0.04 a	70.08 ± 0.04 a

注：MUFA表示单不饱和脂肪酸，PUFA表示多不饱和脂肪酸，UFA表示不饱和脂肪酸。同一行相同小写字母表示差异不显著（$P>0.05$）；不同小写字母表示差异显著（$P<0.05$）。

本项目探究了饲料中添加不同比例桑叶粉对草鱼的生长性能、肌肉品质和肉质风味的影响。结果显示，饲料中添加5%、10%、15%和20%的桑叶粉不影响1～1.5 kg的中规格草鱼的生长性能，但与对照组相比，添加不同比例的桑叶粉都能够显著提高草鱼肌肉的蛋白质、肌苷酸、风味氨基酸和不饱和脂肪酸等的含量，改善其肉质风味。尤其是添加10%比例的桑叶粉，对提高上述营养物质和风味物质的含量作用最明显。基于上述试验结果，开发了两款草鱼配合饲料，其中，蛹肽蛋白添加量为2%，桑叶粉添加量为10%。

分别在合作单位顺德均安太子农庄、佛山市龙江兄弟渔业有限公司、佛山市顺德区丰信生物技术科技有限公司开展了蚕桑生态草鱼料养殖试验。试验分为两组，即试验组和对照组，两组试验选取相同规格的草鱼在同一池塘养殖2个月后进行测定。

（1）经济效益分析。统计试验塘养殖全期放鱼量、出鱼量、投料量，蚕桑生态草鱼料养殖的草鱼，饵料系数为2.07，对照塘为2.4，降低13.75%，明显提高了养殖效益。

（2）鱼肉品质分析。试验结束后，选取相同规格的草鱼，屠宰取样，取鱼背肌肉进行相关肉品质、营养与风味成分测定，结果见表3-21和表3-22。研究结果显示，生态草鱼料能降低鱼肉剪切力值、降低鱼肉嫩度、提高鱼肉弹性等，对肉品质有一定的改善。草鱼肌肉中，蛋白含量试验组为18.8%、对照组为16.3%，试验组较对照组提高15.3%；肌苷酸含量试验组为2.16 mg/kg，对照组为1.82 mg/kg，试验组较对照组提高了18.7%，另外，脂肪含量试验组较对照组减少1/2。

表3-21　草鱼肌肉质构特性分析

分析项目	生态草鱼组	对照组
剪切力值（N）	3.69 ± 0.71	3.92 ± 0.65
硬度（g）	2 836.94 ± 672.91 b	3 575.91 ± 444.98 a
弹性	0.7 ± 0.05	0.66 ± 0.09
黏性（g）	1 481.26 ± 366.47	1 834.83 ± 341.2
凝聚性	0.53 ± 0.05	0.51 ± 0.07
咀嚼性（g）	1 127.56 ± 271.84	1 341.85 ± 347.18
回复性	0.33 ± 0.02	0.3 ± 0.04

表3-22 草鱼肌肉营养成分及肌苷酸含量

分析项目	生态草鱼组	对照组	增减率
蛋白质（%）	18.8	16.3	+15.3
脂肪（%）	0.6	1.2	−50.0
肌苷酸（mg/kg）	2.16	1.82	+18.7

对草鱼肌肉中风味氨基酸含量与不饱和脂肪酸含量进行了测定（图3-5、图3-6），结果显示，各个风味氨基酸及氨基酸总量试验组均较对照组有所提高，且主要的鲜味物质肌苷酸以及氨基酸中的呈味物质天冬氨酸、

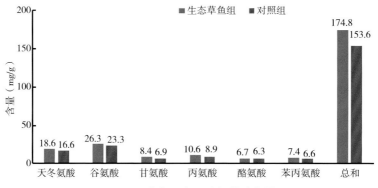

图3-5 草鱼肌肉风味氨基酸含量

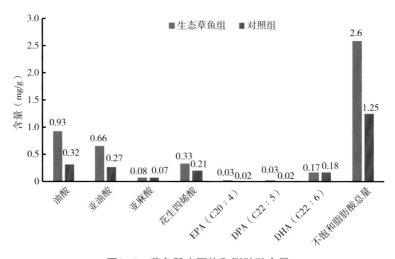

图3-6 草鱼肌肉不饱和脂肪酸含量

谷氨酸、甘氨酸、丙氨酸、酪氨酸、苯丙氨酸均较对照组明显提高（图3-5）。功能性不饱和脂肪酸的含量检测结果显示试验组均较对照组有所提高，其中的油酸、亚油酸等人体必需脂肪酸含量较对照组明显提升（图3-6）。试验结果表明，采用生态草鱼料进行养殖，在养殖的饵料系数大幅度降低的同时，还能明显提升草鱼的风味物质含量，提高鱼肉的营养与品质，具有广阔的应用前景。

第四节　鲈鱼降血糖抗病毒饲料创制和应用

一、加州鲈降血糖饲料创制和应用

已知加州鲈对葡萄糖极度不耐受，饲料中淀粉超过5%时加州鲈生长性能及健康状况会受到影响，而现有的饲料生产工艺无法将淀粉添加量降到5%以下，因此在加州鲈养殖过程中淀粉带来的损害一直是困扰养殖企业的痛点与难点。

现有研究表明桑叶、桑叶提取物等物质有显著降血糖及抗氧化的功效，这为加州鲈健康功能性饲料开发提供了新思路。为了解桑叶及提取物对加州鲈的降血糖护肝效果，开展了两批次的试验调查。

试验一：对照组采用高糖配方，试验组用高糖配方并添加不同的桑树活性物质分别为2%桑叶粉、2%桑枝粉、2%桑叶喷干粉1（43.8%多糖）、2%桑叶喷干粉2（5.4%黄酮），检测加州鲈餐后各个时间点血糖值。

结果显示高糖饲料中添加2%桑叶、桑枝、桑叶喷干粉1、桑叶喷干粉2和1%桑叶提取物1与对照组相比均可显著降低加州鲈3 h峰值时的血糖，其中2%桑枝和2%桑叶喷干粉1降低幅度最大，为极显著（表3-23）。

表3-23　桑树活性物质餐后血糖试验一的数据　　　（单位：mmol/L）

处理	0 h血糖	3 h血糖	6 h血糖	12 h血糖
对照组	6.10 ± 1.15	9.93 ± 2.27	9.17 ± 3.07	6.53 ± 1.26
2%桑叶	5.68 ± 1.14	6.53 ± 0.94[*]	5.30 ± 0.95[*]	6.08 ± 0.90

（续表）

处理	0 h血糖	3 h血糖	6 h血糖	12 h血糖
2%桑枝	5.60 ± 1.20	5.93 ± 1.60**	5.917 ± 0.866*	8.27 ± 2.48
2%桑叶喷干粉1	5.25 ± 0.85	6.23 ± 1.62**	5.917 ± 1.512*	5.63 ± 1.15
2%桑叶喷干粉2	5.55 ± 0.73	6.73 ± 0.97*	6.85 ± 1.41	6.15 ± 1.18

注：*、**表示与对照组差异显著（$P<0.05$）和差异极显著（$P<0.01$）。

试验二：对照组采用高糖配方，试验组用高糖配方并添加不同的桑树活性物质分别为0.2%桑叶提取物（5.4% DNJ）、2%夏桑菊下脚料、1%桑叶粉、2%蚕沙，检测加州鲈餐后各个时间点血糖值。

表3-24中评估的4种物质均可在3 h时显著降低加州鲈血糖。其中降血糖效果最显著的为添加0.2%桑叶提取物（5.4% DNJ），降幅达到55.4%。本次试验中添加1%桑叶粉也具有显著降血糖效果。添加2%蚕沙餐后3 h时降血糖幅度较低，在6 h时加州鲈血糖较对照组显著升高。

表3-24　桑树活性物质餐后血糖试验二的数据　　（单位：mmol/L）

处理	0 h血糖	3 h血糖	6 h血糖	12 h血糖
对照组	4.38 ± 1.19	9.65 ± 1.27	6.69 ± 1.39	5.55 ± 1.59
0.2%桑叶提取（5.4% DNJ）	4.88 ± 1.26	4.30 ± 0.75**	5.93 ± 2.30	5.60 ± 1.19
2%夏桑菊下脚料	4.24 ± 1.07	6.30 ± 1.71**	6.34 ± 1.22	5.79 ± 1.06
1%桑叶粉	4.57 ± 0.85	6.43 ± 1.49**	6.37 ± 0.99	6.44 ± 0.72
2%蚕沙	4.04 ± 0.53	7.82 ± 1.60*	8.63 ± 1.99*	5.58 ± 0.92

注*，**表示分别与对照组差异显著（$P<0.05$）或差异极显著（$P<0.01$）。

通过两批次的降血糖试验，证实添加桑枝、桑叶或桑叶提取物均可显著降低加州鲈3 h峰值时的血糖，说明桑叶中存在降血糖物质，推测桑叶降血糖功能是由于桑叶中的多糖、黄酮及生物碱抗氧化降血糖作用而产生的。

二、鲈鱼抗病毒饲料创制与应用

大口黑鲈病毒（Largemouth bass ranavirus，LMBV）是严重危害加州

鲈养殖业的传染性病原，暂无商品化疫苗，给加州鲈养殖业造成严重经济损失。桑叶中富含多种天然活性物质，可提高机体免疫机能，有利于动物抗病和保健。因此，开展了桑叶水提物和醇提物抗LMBV效果研究。

　　将桑叶水提物和醇提物按照0.5%添加至加州鲈饲料组方，饲喂加州鲈（初始平均体重12 g±2 g）15天后腹腔注射2×10^5 TCID$_{50}$（半数组织培养感染剂量）LMBV。结果表明，桑叶水提物组饵料系数（FCR）显著低于桑叶醇提物组（$P<0.01$）和投喂基础饲料的对照组（$P<0.05$），水提物组的增重率和特定生长率高于对照组（$P<0.01$）。醇提物组在生长性能改变方面不明显。

　　对饲喂14天的各组试验鱼进行剂量为2×10^5 TCID$_{50}$的LMBV腹腔注射，观察14天发现，对照组存活率为48.91%，投喂桑叶醇提取物饲料的加州鲈攻毒存活率为68.63%，投喂桑叶水提取物饲料的加州鲈攻毒存活率为86.09%。添加桑叶水提物组与对照组相比，存活率显著性提高（$P<0.05$），水提物组的相对保护率（RPS）为72.77%，醇提物组的相对保护率为38.6%。对攻毒第三天加州鲈进行病毒含量检测，发现前肠、中肠、后肠、肝脏和脾脏中，饲喂基础饲料的对照组病毒含量显著高于饲料中添加桑叶水提物或者醇提物的试验组（$P<0.05$或$P<0.01$），其中，后肠中对照组的病毒含量是醇提物组的32万倍，肝脏中病毒含量对照组是醇提物组的12 780倍。肠道和脾脏组织病理学分析显示，饲料中添加桑叶水提物或醇提物后，可以明显减轻攻毒后两个器官的发病症状。

　　综上所述，饲料中添加桑叶提取物，可以有效提高加州鲈生长性能，提高加州鲈抗LMBV能力，但是桑叶提取方法以及提取剂量，需后续试验进一步研究。

第四章 塘网结合底部供氧高密度养鱼技术和设备

在珠江三角洲池塘环境下，创造一套既能高密度养殖又能解决鱼塘水溶氧量难题的养鱼技术和设备，是兼顾经济效益和生态效益的关键。

第一节　项目背景

广东是我国渔业重要产区，水产养殖面积55.5万hm²，随着水产养殖业进入高密度高产量养殖模式，对水体的负荷不断增加，鱼塘普遍存在养殖环境恶劣，鱼药、抗生素使用超标，水产养殖污染负面效应日益凸显，水产养殖模式的改型和养殖技术的升级迫在眉睫。在现行高密度养殖方式下，研究应用新的养殖技术及养殖辅助设施设备和提高水体高效自净生态技术是渔业健康可持续发展的重要出路，具有广阔的发展应用前景。

针对鳜鱼人工饲料驯化及养殖过程中必须维持极高的养殖密度，利用鳜鱼抢食特性，以确保人工饲料驯食及养殖成功，这种高密度养殖模式对水质要求和局部溶解氧浓度提出了更高的要求。本项目在鱼塘网箱鳜鱼养殖的基础上，进一步将新水系技术应用到水质活化和水体底水增氧中，研究水体底水增氧对微生物净化水体与改善残饵和鱼粪对水体有害影响的作用，建立养殖水体自然生态平衡的养殖模式，改善水质对化学药物增氧改底的依赖，从而推动水产养殖向更注重质量效应和生态保护的方向转变，促进地区水产养殖业的健康可持续发展。

第二节　塘网结合底部供氧高密度养殖模式

网箱养殖和纯氧增氧技术在水产养殖上已有广泛的应用与研究，鳜鱼的饲料驯化养殖一直都未能形成一套完整成熟的养殖技术，针对目前的状态和对鳜鱼习性的研究，塘网养殖饲料鳜鱼是目前最优选的技术路线，微生物修复水体的技术近年也在不断提高，前者在外塘养殖上联合应用鲜有尝试，目前网箱养殖多见于大江大湖的宽阔水面上。

一、塘网结合底部供氧高密度养鱼技术和设备

塘网养殖饲料鳜鱼结合新水养殖系统，充分利用网箱标准化规格定量养殖精准投喂的优势，对水体底部提高溶氧，使底部微生物得到充分的溶氧，从而高效地把有害物质消化降解达到平衡水质的作用，减少使用化学药物，降低养殖污染。其核心技术包括网箱的尺寸标准可自由组合，新水系统的高效低耗能溶氧技术（专利技术安全环保，采用医疗级纯氧系统高效离子溶入技术，摒弃传统的叶轮增氧和高压曝气等增氧技术），鳜鱼驯食技术及鳜鱼饲料研究优化。前期网箱和新水系统及微生物试验已得到一线使用，技术成熟，能保证有效开展和实施。饲料鳜鱼驯化和饲养，近几年由于对环境保护的日益重视，传统用活饵饲养的鳜鱼成本不断攀升，同时因为传统活鱼喂养面对的病虫害也日益严重，饲养时大量使用杀虫药和抗生素，导致鳜鱼这种国产名贵鱼种出现药残超标的事例屡见不鲜，造成市场价格极不稳定。有鉴于此，饲料驯化与养殖技术这几年有迫切的需求。但市场上由于各环节的配套并不算成熟，整个产业链不完整（鱼苗种质、驯化技术、饲料配方、病害预防等），目前全产业链不能靠单一个体完成，需要整合各环节专业来完成，根据以往几年的经验，已能掌握驯化和饲养技术，保证鱼苗饲料驯化和饲养商品鱼的实施。

在养殖塘内设计建设一套合适大小的网箱，每个网箱大小为6 m×6 m，网箱配备新水系统、智能水质监控系统、底部排污系统等配套设施。在网箱中进行高密度鳜鱼养殖，对鳜鱼进行精准饲料投喂，在外塘配套养殖四大家鱼，利用外塘四大家鱼消纳剩余残饵、粪便。通过智能水质监控系统实时监

测鱼塘水体中的溶解氧、酸碱度、温度等指标变化情况。通过新水系统进行底部高效增氧，解决局部溶解氧浓度过低的问题。同时，在外塘利用微生物—挺水植物联合净水技术，对养殖水体进行生态调控，使整个养殖鱼塘实现"单塘循环，零尾水排放"（图4-1）。

　　该养殖模式的优点：①网箱养殖密度高，经济效益好；②精准投喂，饲料浪费少；③底部静音供氧，高效节能环保；④捕捞方便，人工成本低；⑤利用外塘养殖四大家鱼和水质调控，可消纳剩余残饵、粪便；⑥单塘循环，实现零尾水排放。

图4-1　塘网结合底部供氧高密度养殖模式

二、新水系统

　　新水系统，又叫底部高效增氧技术。它有别于传统的机械式叶轮增氧机。其主要工作原理是先从空气中提取纯氧，再把纯氧经离子技术活化后，输入到水氧混合器与水溶合，从而提高水的含氧量，再经管道输送到养殖鱼塘底部，使鱼塘底部溶解氧增高（图4-2）。在智能化养殖中，通过与智能水质监控系统结合来控制新水系统的运行，达到养殖所需最优溶氧值，使水体更接近自

图4-2　新水系统

然生态的养殖环境。

　　新水系统特点：①能效比高，同等产出高溶氧水流的功耗只有1/5，大大节省能源，低耗环保；②静音运作，设备运行安静流畅；③智能扩展，可结合全时水质监控，进行远程手机操作和数据监控；④安装方便，对使用场地无特殊要求，室内室外均可使用；⑤常压安全，采用常压氧源，不需加压溶合，对容器无压力要求。

第三节　塘网结合底部供氧高密度养殖模式在鳜鱼养殖中的应用

　　目前，在合作单位佛山市顺德区丰信生物技术科技有限公司青岐养殖基地开展了鳜鱼网箱养殖试验，养殖周期为8个月。期间投喂市售鳜鱼膨化配合饲料和自制蚕桑功能鳜鱼料。

一、养殖生产数据统计

　　养殖鱼塘8亩（15亩=1hm^2，下同），安装16个6 m×6 m网箱，养殖全期投鱼量、出鱼量、投料量等数据统计见表4-1和表4-2。初始投鱼量为40 000尾，总重量为722 kg，平均重量为18.05 g，平均分配到9个网箱中，每个网箱的养殖量约为4 445尾。投喂市售鳜鱼膨化配合饲料，养殖5个月后分塘到16个网箱中继续养殖，每个网箱的养殖量约为2 031尾。养殖8个月后，出鱼总重量为1 6250 kg，鳜鱼的平均重量为481.94 g。整个养殖期间，整体的饵料系数为0.79，成活率为84.295%，说明在网箱中利用膨化配合饲料进行鳜鱼养殖模式可行，可以进行示范推广。

表4-1　养殖全期投鱼品种及数量

项目	均重（g）	数量（尾）	总重（kg）	养殖网箱（个）	养殖密度（尾/网箱）
初始投鱼	18.05	40 000	722	9	4 445
终末出鱼	481.94	33 718	16250	16	2 031

表4-2 养殖全期生产性能统计

项目	净增重（kg）	投料量（kg）	饵料系数	成活率（%）
总计	15 528	12 272.25	0.79	84.295

二、养殖过程中水质监测

在全程养殖过程中，利用智能水质监测系统对水体进行实时监测，监测的水质指标为溶解氧、水温和pH值等，并且每周定时（上午6时和下午5时）进行水质数据记录，记录结果如表4-3所示。

表4-3 养殖期间水质监测

日期 （年.月.日）	上午（6：00）			下午（17：00）		
	溶解氧（mg/L）	水温（℃）	pH值	溶解氧（mg/L）	水温（℃）	pH值
2020.10.04	7.08	29.13	8.32	7.98	30.50	8.51
2020.10.11	5.98	24.72	8.02	8.02	26.14	8.49
2020.10.18	5.31	23.72	7.63	7.00	24.53	7.85
2020.10.25	5.82	23.66	7.80	6.79	24.82	7.92
2020.11.01	6.25	23.86	7.77	7.80	25.03	7.97
2020.11.08	5.96	23.22	7.42	8.33	24.21	7.79
2020.11.15	6.37	24.29	7.75	7.08	25.45	7.94
2020.11.22	6.06	25.33	7.83	6.98	26.07	7.95
2020.11.29	7.53	20.59	8.00	9.28	20.62	8.22
2020.12.06	8.58	16.17	7.89	10.36	17.09	8.09
2020.12.13	7.71	18.87	7.73	7.60	18.89	7.72
2020.12.20	8.49	12.73	7.85	8.76	13.44	7.85
2020.12.27	7.04	16.30	7.74	7.81	17.53	7.85
2021.01.03	8.10	14.05	7.87	9.35	14.88	8.01
2021.01.10	8.76	13.37	7.81	9.63	12.60	7.90
2021.01.17	10.69	12.60	7.69	10.47	13.40	7.74

（续表）

日期 （年.月.日）	上午（6：00）			下午（17：00）		
	溶解氧（mg/L）	水温（℃）	pH值	溶解氧（mg/L）	水温（℃）	pH值
2021.01.24	9.15	16.71	7.54	7.55	17.51	7.73
2021.01.31	7.81	17.78	7.78	10.68	18.98	8.39
2021.02.07	8.19	21.19	7.89	8.21	22.35	8.05
2021.02.14	7.19	19.54	7.85	8.21	20.95	7.96
2021.02.21	7.13	20.63	7.94	8.48	21.94	8.17
2021.02.28	7.38	19.21	7.90	8.28	19.34	7.94
2021.03.07	7.03	18.75	7.83	7.65	19.48	7.85
2021.03.14	6.40	21.38	7.79	7.34	22.05	7.91
2021.03.21	6.63	24.72	8.20	7.15	23.09	8.22
2021.03.28	6.21	22.71	7.81	8.04	24.01	7.96
2021.04.04	5.43	25.17	7.88	5.81	26.28	7.91
2021.04.11	5.63	23.85	7.25	6.09	24.20	7.26
2021.04.18	5.75	24.95	7.22	6.13	25.30	7.31
2021.04.25	5.61	24.80	7.25	5.93	26.00	7.29
2021.05.02	5.39	26.00	7.25	6.14	25.20	7.14
2021.05.09	5.38	29.15	7.34	5.50	30.20	7.61
2021.05.16	4.04	29.94	7.35	6.32	31.57	7.45
2021.05.23	4.97	30.92	7.56	5.84	31.68	7.70
2021.05.30	4.41	32.10	7.70	5.28	31.68	7.74
2021.06.06	5.54	30.40	7.79	5.09	31.01	7.83
2021.06.13	5.55	30.61	7.70	5.33	30.57	7.71

　　水质监测结果显示，利用新水系统进行底部供氧，整个养殖期间溶解氧浓度为4.04～10.69 mg/L，受气温气压影响，溶解氧浓度虽然上下波动，但总体相对稳定，绝大部分时间溶解氧浓度高于5 mg/L，能满足养殖需求。同

时，养殖期间水的pH值为中性或弱碱性，符合养殖需求。水温主要随季节变化而变化。

第四节　网箱饲料鳜鱼养殖和土塘饵料鱼鳜鱼养殖成本比较

为了比较不同养殖模式下的鳜鱼养殖效益，对佛山地区常见的土塘饵料鱼养殖和网箱饲料养殖投入产出进行了大量的调研统计，并进行了详细的比较分析。

一、早鳜养殖效益比较

早鳜养殖时间为3—4月投苗，用土塘投喂饵料鱼的养殖周期为150天左右，上市时间为7—8月；用网箱投喂配合饲料的养殖周期为180天左右，上市时间为8—9月。上市规格在0.5 kg左右。土塘养殖的成活率为75%左右，网箱养殖的成活率为71%左右。利用饵料鱼的饵料系数为4.5左右，利用饲料的饵料系数为1.5左右。在土塘中利用饵料鱼养殖每亩的成本为63 870元，每亩的利润为20 130元，在网箱中利用饲料养殖每亩的养殖成本为94 138元，每亩的利润为45 862元（表4-4）。

表4-4　早鳜养殖效益比较

项目		单位	土塘养殖	网箱养殖
养殖周期	投苗	月	3—4	3—4
	出鱼	月	7—8	8—9
	养殖天数	天	150	180
出鱼情况	规格	kg/尾	0.5	0.5
	单价	元/kg	56.0	56.0
	产量	kg/亩	1 500	2 500
	亩收入	元	84 000	140 000
	成活率	%	75	71.4

（续表）

项目		单位	土塘养殖	网箱养殖
种苗成本	密度	尾/亩	4 000	7 000
	规格	cm/尾	5	5
	单价	元/尾	2	2
	总额	元/亩	8 000	14 000
鱼仔成本	饵料系数		4.5	1.5
	单价	元/kg	7.0	8.5
	总额	元/亩	47 250	62 750
增氧机能耗	配置	kW/亩	1.5	1.5
	时间	h/天	12	24
	单价	元/度	0.6	0.6
	总额	元/亩	1 620	3 888
用药成本	药费	元/亩	1 500	1 500
人工成本	人工	元/亩	3 000	3 000
塘租成本	塘租	元/亩	2 000	3 000
资产折旧	设备	元/亩	500	5 000
每亩毛收入		元/亩	84 000	140 000
每亩成本		元/亩	63 870	94 138
每亩利润		元/亩	20 130	45 862
利润率		%	24	33

二、中鳜养殖效益比较

中鳜养殖时间为6—7月投苗，用土塘投喂饵料鱼的养殖周期为150天左右，上市时间为10—11月；用网箱投喂配合饲料的养殖周期为180天左右，上市时间为11—12月。上市规格在0.6 kg左右。土塘养殖的成活率为66.7%左右，网箱养殖的成活率为58.8%左右。利用饵料鱼的饵料系数为4.6左右，利用饲料的饵料系数为1.3左右。在土塘中利用饵料鱼养殖每亩的成本为83 265元，每亩的利润为12 735元，在网箱中利用饲料养殖每亩的养殖成本为95 938元，每亩的利润为48 062元（表4-5）。

表4-5 中鳜养殖效益比较

项目		单位	土塘养殖	网箱养殖
养殖周期	投苗	月	6—7	6—7
	出鱼	月	10—11	11—12
	养殖天数	天	150	180
出鱼情况	规格	kg/尾	0.6	0.6
	单价	元/kg	48.0	48.0
	产量	kg/亩	2 000	3 000
	亩收入	元	96 000	144 000
	成活率	%	66.7	58.8
种苗成本	密度	尾/亩	5 000	8 500
	规格	cm/尾	5	5
	单价	元/尾	1.5	1.5
	总额	元/亩	7 500	12 750
鱼仔成本	饵料系数		4.6	1.3
	单价	元/kg	7.2	8.5
	总额	元/亩	66 240	66 300
增氧机能耗	配置	kW/亩	1.5	1.5
	时间	h/天	15	24
	单价	元/度	0.6	0.6
	总额	元/亩	2 025	3 888
用药成本	药费	元/亩	2 000	2 000
人工成本	人工	元/亩	3 000	3 000
塘租成本	塘租	元/亩	2 000	3 000
资产折旧	设备	元/亩	500	5 000
每亩毛收入		元/亩	96 000	144 000
每亩成本		元/亩	83 265	95 938
每亩利润		元/亩	12 735	48 062
利润率		%	13	33

三、晚鳜养殖效益比较

晚鳜养殖时间为9—10月投苗，用土塘投喂饵料鱼的养殖周期为250天左右，上市时间为5—6月；用网箱投喂配合饲料的养殖周期为250天左右，上市时间为5—6月。上市规格为0.6 kg左右。土塘养殖的成活率为66.7%左右，网箱养殖的成活率为58.8%左右。利用饵料鱼的饵料系数为5.5左右，利用饲料的饵料系数为2.0左右。在土塘中利用饵料鱼养殖每亩的成本为113 475元，每亩的利润为38 525元，在网箱中利用饲料养殖每亩的养殖成本为133 650元，每亩的利润为94 350元（表4-6）。

表4-6　晚鳜养殖效益比较

项目		单位	土塘养殖	网箱养殖
养殖周期	投苗	月	9—10	9—10
	出鱼	月	5—6	5—6
	养殖天数	天	250	250
出鱼情况	规格	kg/尾	0.6	0.6
	单价	元/kg	76.0	76.0
	产量	kg/亩	2 000	3 000
	亩收入	元	152 000	228 000
	成活率	%	66.7	58.8
种苗成本	密度	尾/亩	5 000	8 500
	规格	cm/尾	5	5
	单价	元/尾	1.5	1.5
	总额	元/亩	7 500	12 750
鱼仔成本	饵料系数		5.5	2.0
	单价	元/kg	8.6	8.5
	总额	元/亩	94 600	102 000
增氧机能耗	配置	kW/亩	1.5	1.5
	时间	h/天	15	24
	单价	元/度	0.6	0.6
	总额	元/亩	3 375	5 400

（续表）

项目		单位	土塘养殖	网箱养殖
用药成本	药费	元/亩	2 500	2 500
人工成本	人工	元/亩	3 000	3 000
塘租成本	塘租	元/亩	2 000	3 000
资产折旧	设备	元/亩	500	5 000
每亩毛收入		元/亩	152 000	228 000
每亩成本		元/亩	113 475	133 650
每亩利润		元/亩	38 525	94 350
利润率		%	25	41

第五章　　鱼塘水净化技术

俗话说"好水养好鱼"。水是水产养殖动物的基本生活环境，水质的好坏直接影响到水生动物的生存、生长和繁殖，也制约着水产养殖管理技术的应用，最终影响养殖水生动物的生存安全、生产性能和产品质量。作者团队以微生物、植物和物理过滤三结合方式对鱼塘水进行净化，取得了较好的效果。

第一节　水产养殖水体净化技术概况

随着我国水产养殖集约化水平不断提高，养殖密度不断增大，养殖投入品（饲料、渔药等）大量增加，再加上外源性的污染日益加剧，导致我国水产养殖水质不断恶化，水产养殖病害呈逐年上升趋势，造成的经济损失也越来越大。为了降低水产养殖病害所造成的经济损失，养殖户在养殖生产过程中会大量使用渔药和一些化学品，从而导致养殖水产品药残超标等一系列质量安全问题，成为制约我国养殖水产品出口的一个重要因素，也影响了我国养殖水产品的国际竞争力。伴随着我国农产品质量安全管理工作的日益加强和现代水产养殖业的快速发展，人们逐渐意识到养殖水质调节控制和水产品质量安全控制的重要性。本章简要归纳了我国池塘养殖水体污染物来源及危害，阐述池塘养殖水体处理的主要技术和方法，包括物理处理技术、化学处理技术、生物处理技术，指出了目前水产养殖水体净化存在的主要问题，并对未来的发展方向进行了展望，以期为今后国家相关部门制定池塘养殖水体处理标准和相关政策提供参考，为养殖从业者处理池塘养殖水体技术提供新思路。

一、水产养殖水体污染物的来源及危害

（一）淡水池塘养殖水体污染物来源

淡水池塘养殖水体中的污染物分为固体污染物和可溶性污染物。固体污染物主要为鱼类粪便、残饵以及鱼、虾等水生生物的残骸等；可溶性污染物主要包括氮（氨氮、亚硝酸盐氮等）、磷、有机物、硫化物、抗生素、重金属等。这些污染物主要来源于两个方面：一是来源于养殖过程中的饲料投喂。在高密度集约化养殖过程中，由于投喂方式不科学等会造成饲料在养殖水体中大量残余，同时养殖生物会产生大量的排泄物及尸体残骸等，这些残饵、粪便等在水体中被微生物分解产生氨氮、亚硝酸盐、硫化物等可溶性污染物。此外，部分饲料也会直接溶解在水体中。二是来自养殖过程中使用的化学药剂（如抗生素、杀藻剂、消毒剂等）的累积及二次污染。水产养殖水体污染物具有含量低、水体量大的特点，给处理带来了很大困难。

（二）养殖水体中污染物的危害

在高密度、集约化养殖模式下极易打破养殖池塘原有的生态平衡，过多的残饵、粪便无法被池塘中原有的微生物分解利用，导致氨氮、亚硝酸盐等有害物质大量积累，严重影响养殖动物健康。氨氮分为离子氨和非离子氨两种，其中非离子氨会对水生动物的鳃丝黏膜造成损伤，进而影响鳃对氧气的运送功能，降低甚至阻断血液中的氧气输送。亚硝酸盐对鱼类有很强的毒性，一定浓度的亚硝酸盐可导致鱼、虾血液中的亚铁血红蛋白被氧化成高铁血红蛋白，而后者不能运载氧气，从而抑制血液的载氧功能，造成组织缺氧，使水生动物摄食能力下降，甚至死亡。此外，水体中的氮、磷等化合物含量超标也会导致水体富营养化，使水体中的浮游生物及藻类加速繁殖，消耗大量氧气，造成养殖鱼类缺氧死亡。

另外，在养殖过程中投放的有机肥料、化学药剂等也会使养殖水体水质发生改变，如鱼病防治时使用的含氯化合物会影响水体pH值，过高或过低的pH值都不利于养殖动物呼吸；而抗生素等药剂在杀灭有害病菌的同时也

杀死了大量有益微生物，会进一步造成水域生态失衡，甚至可能带来药物残留增加，进而通过食物链危害人类健康。

二、水产养殖水体净化技术

在池塘养殖过程中，改善养殖水质最常用的方法就是换水，但大量的养殖尾水排放到自然环境中，会造成临近水域富营养化和面源污染。为了降低水产养殖带来的环境污染，确保水产养殖业健康可持续发展，迫切需要寻求一些行之有效的水产养殖水体处理技术。养殖水体净化技术是以水体为研究对象，以水产品养殖业应用为目的，以物理、化学、生物等技术为主体的综合性技术体系。它的作用是协助水产养殖产业提高生产力，解决水产品安全、鱼类疾病及资源环境等问题。目前，国内外研究者对水产养殖水体处理技术进行了大量的研究和应用，主要的养殖水体净化技术有物理方法、化学方法和生物方法。

（一）物理处理技术

常用的物理处理技术有过滤、吸附、紫外照射、泡沫分离、膜分离、曝气等，通过上述方式可有效去除养殖水体中的悬浮物从而降低化学需氧量，但对于可溶性污染物的去除效果不明显。其中，机械过滤和泡沫分离处理技术因效果明显而被广泛应用。

过滤法是利用各种孔径大小不同的滤材阻隔或吸附水中的过剩饲料、动物粪便等颗粒沉淀或悬浮状污染物，通过固液分离来达到净化养殖水体的目的。常用的固液分离技术以机械过滤设备居多，如沉淀器、微滤机等。机械过滤主要用于直径为60~200 μm的悬浮颗粒物处理。

泡沫分离法是通过纳米进气装置将空气制成大量的微小气泡打入水体中，利用气泡的表面张力，吸附水中的生物絮体、纤维素、蛋白质等溶解态物和小颗粒态有机杂质，粒径小于30 nm的微小颗粒可聚集形成泡沫层，将泡沫和水体分离，从而达到净化养殖水体的目的。此外，经泡沫分离技术处理后的水体充满了丰富的氧气，能有效提高水体溶解氧。

膜过滤技术主要用于处理直径小于25 μm的微小颗粒，这些微小颗粒采用常规的固液分离技术难以去除。Viadero等研究表明，0.05 μm孔径的膜对水中悬浮颗粒物和有机物的去除率分别可达94%和76%。物理处理技术主要用于去除水产养殖水体中的悬浮颗粒物、降低化学需氧量和生化耗氧量，对可溶性氮、磷等物质的去除效果有限，在实际应用中具有一定的局限性。

（二）化学处理技术

化学处理技术是通过向养殖水体中加入化学物质，发生絮凝、氧化还原、络合作用等化学反应，从而去除养殖尾水中的一些污染物质。但长期使用化学药剂会增加病原微生物的耐药性，同时化学药剂本身也是一种"污染"，用量不当会造成二次污染，所以要谨慎使用化学药剂。

凝絮技术是通过向养殖水体中加入絮凝剂，如铝盐、铁盐、氢氧化钙等带正电荷的絮凝剂，可以与水体中带负电荷的胶体粒子聚集形成絮团沉降，从而达到去除杂质、净化养殖水体的目的。常用的凝絮剂有以下几种：明矾、石膏、铝盐、铁盐、有机高分子凝絮剂等，但过量絮凝剂的使用会导致其残留，对水生生物具有腐蚀危害。

氧化还原技术是通过向养殖水体中加入某些物质，经过一系列氧化还原反应，从而降低去除养殖水体中的污染物。臭氧是常用的氧化剂，可有效氧化水产养殖水体中积累的氨氮、亚硝酸盐、有机物等多种还原性污染物，且氧化产物——氧气可以增加养殖水体溶氧量，具有净化水质、优化水产养殖环境的作用。此外，臭氧还可以破坏细菌的细胞壁（膜），影响细菌胞内酶的活性，具有杀死病原菌的功能。但是，水生生物对臭氧极为敏感，容易产生毒性反应。此外，由于臭氧成本较高、操作管理复杂，在养殖水体中的应用受到一定限制。

电化学技术具有快速、高效、操作简单等特点，近年也广泛用于水产养殖废水处理，电化学技术能够有效去除水产养殖水体中的氨氮、亚硝酸盐等。此外，大部分水产养殖企业在水中添加生石灰、高锰酸钾、甲醛、H_2O_2、ClO_2等化学药剂对养殖水体进行消毒杀菌。化学药剂作为水质改良剂，对水产养殖水体进行一定处理后，可提高养殖水体质量，但长期连续使用不但容易使菌株产生耐药性，而且对水产养殖环境造成二次污染。

（三）生物处理技术

生物处理技术是利用微生物、水生动物和水生植物的吸收、转化、代谢、生物降解等生物特性达到去除养殖水体中有机污染物和无机营养盐的目的，主要去除养殖水体中的溶解态污染物，对养殖系统中的水体净化起着核心作用。生物处理技术具有处理效果好、生态环保、经济适用、不产生二次污染等优点，在水产养殖水体净化中具有广泛的应用前景。

1. 水生植物法

水生植物主要是通过其根、茎、叶的吸附等作用来去除养殖水体中的污染物，以减少或消除水产养殖对环境的污染，达到净化水体的目的。根据水生植物的生活方式，一般将其分为以下四大类：挺水植物、浮叶植物、沉水植物和漂浮植物。其中，挺水植物和沉水植物在水产养殖水体净化中的应用较多。常见的挺水植物如美人蕉、菖蒲、黄菖蒲、石菖蒲、鸢尾、千屈菜、芦苇、香蒲、水葱、灯心草、水花生、茭白、荷花、伞草、水芹菜、花叶芦竹等；常见的沉水植物如金鱼藻、轮叶黑藻、菹草、苦草、伊乐藻、穗状狐尾藻、眼子菜等。生态浮床和人工湿地是两种常用的水生植物处理技术。生态浮床是以生物高分子材料为床基，根据需求选择合适的水生植物进行种植。基于经济植物水培技术的发展，与生态浮床技术相结合，能实现生态效益和经济效益双收，如水稻、番茄、生菜、草莓、风信子等均可进行水培生产。人工湿地是一种复杂的多功能生态系统，因其成本低廉、生态友好、便于与景观结合等特点，广泛应用于养殖水体净化中。水生植物的选择是建设湿地生态系统的重点，因地制宜选择合适的湿地植被种植种类，才能有效发挥人工湿地的生态功能。

2. 水生动物法

水生动物法主要是通过放养滤食性水生动物来消除藻类和促进水体中有机碎屑的分解来达到净化养殖水体水质的目的。作为水体生态系统一个重要的组成部分，水生动物种类多、分布广、食性广，通过它们的滤食活动可有效减少养殖尾水中的悬浮颗粒物和藻类的数量，净化水质效果明显。水生动物操纵净化水体的理念最先是由捷克水生生物学家Shapiro等提出的，指出利用调整生物群落结构的方法来控制水质。主要原理是通过调整鱼群结构，即发展某些鱼类并抑制或消除某些鱼类，以保护和发展大型滤食性浮游动物，从而控制藻类的过量生长并改善水质。常见的滤食性动物有鲢鱼、鳙鱼、河蚬、铜锈环棱螺、三角帆蚌、牡蛎、扇贝等。由于鲢鱼主要以浮游植物为食，鳙鱼主要以浮游动物为食，鲢鱼过多则会大量摄食浮游植物，抑制以浮游植物为食的浮游动物生长繁殖，从而影响鳙鱼生长。因此，合适的滤食性鱼类放养规模和比例等因素与净水效果密切相关。

3. 微生物法

微生物净水是利用有益微生物将氨氮和亚硝酸盐氧化成硝酸盐，去除水体中的有机物、氨氮、亚硝酸盐等有毒有害物质，从而净化水质。微生物在养殖水体净化中发挥着核心作用。目前，应用于水产养殖业的有益微生物主要有光合细菌、硝化细菌、芽孢杆菌属、乳酸杆菌属、酵母菌、蛭弧菌和EM菌等。用途主要为预防疾病、净化水质及作为饲料添加剂等。

光合细菌（Photosynthetic bacteria，PSB）是一类能进行光合作用而不产氧的特殊生理类群的原核生物的总称，它既能在厌氧光照又能在好氧黑暗中进行光合作用，属于革兰氏阴性菌，其广泛分布在海洋、湖泊、河流、土壤、污泥、高温或低温等各种环境中，是水体自然净化的生力军，也是目前水产养殖业中研究较多、应用较广的有益微生物制剂。根据《伯杰细菌鉴定手册》分类，光合细菌分为6个类群，即着色菌科、外硫红螺菌科、红色非硫细菌、绿硫细菌、多细胞绿丝菌和盐杆菌。由于PSB具有多种代谢途径，如自养、异养和混合营养，因此，它可以利用各种基质作为碳源和氮源，在废水处理中具有强大的应用潜力。光合细菌可以利用水体中的氨氮以及硫化氢等有害物质进行光合作用，从而将它们转化成自身有机物或产生无毒害作用的无机物。研究表明，光合细菌可以有效净化水质，分解水中有毒有害的有机物，对COD、NH_4^+-N、NO_2^--N、TP（Total Phosphorus）的去除效果优异。

硝化细菌（Nitrifying bacteria）是一类革兰氏阴性的自养型、好氧细菌，分为2个属，一是亚硝化细菌，能将氨氮氧化成亚硝酸盐；二是硝化细菌，能将亚硝酸盐氧化成硝酸盐。硝化细菌普遍存在于养殖水体，但其生长繁殖周期较长，对生存环境要求严苛，在养殖后期水体溶解氧过低的情况下，降解速率减慢，难以发挥作用。因此，通过向养殖水体中添加硝化细菌，能提高水体中硝化细菌的浓度，促进氨氮和亚硝酸盐的有效降解，提升水体的质量。

芽孢杆菌（*Bacillus*）是一类能分泌多种酶和多种抗生素的革兰氏阳性

菌。芽孢杆菌主要通过以下两方面发挥作用：一方面，芽孢杆菌在生长繁殖的时候能够大量分解利用水体中的有机物、氨氮、亚硝酸盐等，同时还可以产生大量蛋白酶、脂肪酶以及淀粉酶等，这些酶可以快速降解残留饵料和生物代谢物中的蛋白质、脂肪以及淀粉等有机物，为一些浮游植物提供了营养物质。另一方面，芽孢杆菌可以定殖于养殖生物的体表或肠道内，并大量繁殖，形成优质种群，抑制生物体表或者肠道内的有害病菌，提高养殖生物的抗病能力。此外，由于芽孢杆菌能利用芽孢进行繁殖，芽孢既耐高温又耐干燥，非常利于生产加工以及保存，因此在水产养殖中大量推广使用。目前，可以利用的芽孢杆菌有枯草芽孢杆菌、地衣芽孢杆菌、巨大芽孢杆菌、短小芽孢杆菌、缓慢芽孢杆菌以及凝结芽孢杆菌等。

乳酸菌（Lactic acid bacteria，LAB）是一类能利用发酵性碳水化合物产生大量乳酸的革兰氏阳性细菌的统称，包含乳杆菌属（如嗜酸乳杆菌）、链球菌属（如粪链球菌）、名串珠菌属（如乳酸明串珠菌）、双歧杆菌属（如长双歧杆菌）、片球菌属（如戊糖片球菌）等。乳酸菌对宿主具有多种益生作用，如可增强鱼类机体免疫力，帮助肠道消化、抵御病原菌，改善水质，促进生长和繁殖，具有极大的抗生素替代品潜力。乳酸菌是动物肠道中常见的有益菌，通过自身代谢产生大量有机酸，如乙酸、乳酸、丙酸、丁酸等抑制养殖鱼类病原体，降低水环境pH值，增强乳酸菌亚硝酸盐还原酶的活性，加快水环境中亚硝酸盐的分解，降解水体中的氨氮、亚硝酸盐、硫化氢等有害物质。但是，乳酸菌大多为厌氧菌，无法在水环境中长期生存，需要定期补充，从而确保乳酸菌发挥正常的益生作用。

酵母菌（Yeast）是一类单细胞真核微生物的统称，具有生长繁殖快、代谢旺盛、耐酸和耐高渗透压等特性，能利用氨基酸、糖类及其他有机物质等发酵生长。酵母细胞营养丰富，其中蛋白质含量高达46%～65%，且含有动物必需的多种维生素和微量元素，如烟酸、叶酸、维生素B和胆碱等。酵母菌在水中能以各种有机因子为营养，降低水中有机物的含量，从而改善了池塘水质；在动物体内通过大量繁殖，提高动物饲料利用率和生产性能，同时抑制病原菌，增强机体免疫力和抗病能力。因此，酵母在水产养殖中主要用于饵料生物培养及营养强化、替代饲料蛋白源、净化水质、抑制病害等。水产养殖中常用的酵母主要为啤酒酵母、海洋酵母和饲料酵母。

蛭弧菌（*Bdellovibrio*）是一类专门寄生于其他细菌并能导致其裂解的

革兰氏阴性菌，最早由德国研究者Stolp在土壤中发现，属于蛭弧菌科，能通过细菌滤器。蛭弧菌广泛存在于土壤、河流等环境中，对多种致病菌具有良好的裂解效果，它能够在短时间内裂解弧菌属、气单胞菌属、假单胞菌属、大肠杆菌和沙门氏菌等主要水生动物病原菌，因此，蛭弧菌具有取代抗生素成为控制水生动物疾病的新手段。蛭弧菌制剂发酵过程中产生的代谢产物可分解、转化水中的亚硝酸盐，改善养殖水体水质，减少蛋白态氮向氨和胺转化，从而减轻水中氨和有机质污染。李怡等研究发现蛭弧菌可有效降低乌鳢养殖池氨氮、亚硝酸盐氮和弧菌的含量，同时增加水中溶解氧。曲疆奇等研究表明，蛭弧菌微生态制剂可有效利用养殖水体中的含氮化合物，使养殖水体中的氨氮、亚硝酸态氮快速降解，有效改善养殖水质。可见，蛭弧菌在改善养殖水质方面有非常显著的效果，在水产养殖中具有十分广阔的应用前景。

EM菌（Effective microorganisms）是20世纪80年代由琉球大学比嘉照夫教授研制开发的一种复合微生物活性菌剂，由光合细菌、乳酸菌、酵母菌和放线菌等5科10属80余种有益微生物混合发酵培养而成，因其微生物种群丰富、数量巨大、结构复杂、性能稳定，自引进到我国后，广泛应用于畜牧业、农业、水产、环保等领域，收到良好效果。EM菌能调节水体生态平衡，降低水体中的氨氮、亚硝氮和化学需氧量，提高水体中的溶解氧，促进有机物降解，达到净水目的。EM菌群可通过一系列分解作用将水中的有机质等转化为生物生长所需的营养物质，还可以降低水体中亚硝酸盐、硫化氢等有毒物质的含量。EM菌群中的有益菌同样可以在水生动物的肠道上定殖，形成优势种群，促进对营养物质的消化和吸收。

三、水产养殖水体净化存在的问题

（一）基础理论研究不够，缺少集成化技术

水产养殖水体污染物具有含量低、水体量大的特点，这给处理带来了很大困难。如何高效低成本进行养殖水体净化是一个系统工程，需要物理、化学、生物等基础理论的支持。只有通过基础理论研究，揭示养殖水质改良技术的背后逻辑基础，才能够根据不同的养殖模式和水体环境进行水处理技术的集成应用，目前缺乏这方面的系统研究。如在工厂化循环水养殖系统中快

速去除水中的溶解性有害物质（主要是氨氮）和增加溶解氧是系统设计的核心问题。其中，尤以生物过滤器为技术难点，其形式和效果直接影响系统的经济性和可靠性。而生物膜养分传输的数学模型和模拟、温度对氨氮转化率的影响以及不同生物过滤器的性能比较与设计参数的建立等都需要进行基础理论研究。通过加强基础理论研究，从定性到定量，建立数学模型，才能科学地评价各种养殖水体净化技术，从而指导各种净水技术的集成化应用。

（二）产品质量参差不齐，应用效果不理想

微生态制剂属于水产非药品，无需通过GMP认证，市场准入门槛低，监管较松，因此不同厂家生产成本差异较大，易出现产品质量不稳定、成分不明确、说明书不规范等问题。虽然微生态制剂可通过调控养殖水体水质和调节水生动物肠道微生态平衡来间接预防鱼病的发生，但若单次大剂量使用微生态制剂也会导致池塘微生态失衡，降低池塘的承载力。而一些业务员为追求经济利益，向养殖户推荐微生态制剂时片面夸大宣传其安全性，忽视其在特定条件下可能产生的不良效果，对剂量的掌控表现出很大的随意性，且常指导养殖户超量使用，无形中既增加了养殖户的养殖成本，又易导致养殖环境生态失衡。

（三）水体净化设备不完善，运行维护成本高

目前，我国大多数养殖基地的水处理设施在结构和设备上仍处于不太成熟的阶段，标准化和自动化程度不高，尤其是现代化的水体维护与水质净化设备比较缺少。同时，现有的养殖水体净化技术在推广应用中存在运行和维护成本高，而且对管理要求高，导致很多养殖企业和养殖户难以接受。这是在养殖水体净化技术研究中必须考虑的问题，如何针对不同的养殖品种和水体环境，建立一套高效低成本的水体净化系统，达到经济、社会和环境效益三者的有机统一，确保水产养殖业的可持续发展。

四、展望

随着水产养殖规模的不断扩大，水资源日益短缺，传统水产养殖方式带来的水资源衰竭、环境污染、水产品质量下降等问题，已成为今后长期制约我国水产业可持续发展的主要因素。目前，我国水产养殖业正处于转型升

级的重要关口，绿色可持续是未来发展的必然选择。水产养殖绿色发展应以养殖水体治理和水产品品质提升为核心，以水环境保护和水资源利用为出发点，从源头开展水产养殖水质净化和现代绿色养殖技术研究。养殖水体净化技术的特点是既有水体净化的普遍性又有水产养殖的特殊性，养殖水体净化技术将逐渐成为水产行业的研究热点领域，需要依靠现代科技，通过关键技术攻关和集成创新，综合各种处理技术的优点，取长补短，重点开展以生物处理技术为主的水产养殖水体净化技术研究。通过"治水"推动渔业产业转型升级，构建"产出高效、产品安全、资源节约、环境友好"的现代渔业产业体系，促进中国水产养殖业的健康可持续发展。

（一）加强养殖水体净化技术的集成应用

开展信息化技术集成研究，构建养殖全程物联网技术体系、生态因子数字化监控系统、池塘循环养殖技术集成、循环水净化等技术研究。筛选高效优势微生物菌种，综合利用微生物、藻类、水生植物和不同水产种类等互补互利特点，根据多营养层次养殖系统中能量和物质循环利用规律，构建水产养殖生态循环系统；研究固定化技术，通过新材料和新工艺研究，集成物理、化学和生物技术的优势，利用数字化和智能化技术，开发新型生物反应器，提升水产养殖水体净化效率，降低处理成本；优化水产养殖废水排放方式，改变传统水产养殖业的"大引大排"用水量大、污染大的模式，采用小引小排、常引常排，减少排污量，降低规模化养殖对水域环境所产生的负面影响，促进养殖水体的合理循环，努力实现零排放。

（二）加强沉积物无害化资源化利用

加强沉积物处理利用研究，实现底泥的无害化资源化利用。同时，加强动物营养与饲料学研究，优化饲料结构及投喂方式，研发精准控制系统，开展精准投喂技术，减小饵料系数，增大饲料利用率，改变单一的精养模式，采用有效的混养模式等，减少沉积物污染。

（三）加强抗生素替代品开发和利用

开展中草药等植物提取物、抗菌肽、益生菌等在水产饲料中的功能研究，探究其替代抗生素在抗虫抗病等方面的功效，开发抗生素替代产品；通过运用遗传学、分子生物学、基因组学等领域的先进技术，进一步优化现有菌株，研制稳定性强、易于保存的新菌株，开发专一、高效、抗逆性强的微生态制剂，增强作用效果，拓宽适用范围；优化抗生素品种和投放方式，完善抗生素残留的检测方法，深入研究抗生素在水产养殖生态系统中的迁移转化规律，以及消除抗生素残留的技术，减少其在生态系统中的累积。

（四）建立健全水产养殖标准体系和法律体系

政府管理部门应加强水产养殖标准体系和法律体系建设，修订渔业水质标准，完善和实施重要养殖品种行业标准、各种鱼药及环境改良剂生产的市场准入制度、《淡水池塘养殖水排放要求》和《海水养殖水排放要求》等制度，建立水产养殖清洁生产技术操作规程和监测体系。在生产过程中，应引入HACCP质量控制体系，充分利用数字化和智能化技术，进行水产养殖的全标准化流程和全程可监控，统一监管标准，保证产品质量，全面提升水产品竞争力。

第二节　鱼塘水净化微生物筛选和应用

光合细菌能以二氧化碳和水中的有机质作为自身繁殖的营养源，能够迅速分解利用水中的铵态氮、亚硝酸盐、硫化氢等有害物质，能完全分解剩余的饵料及粪便，保持水体的溶氧水平，是一种很好的水质改良剂。另外，就光合细菌本身而言，其富含丰富的营养成分，粗蛋白含量高达65%，还含有多种维生素和矿物质、辅酶Q等，可以作为浮游动物的饵料，通过食物链的关系，间接将光合细菌中的营养物质供给水产养殖动物。另外，光合细菌在鱼病防治中也起着重要的作用，首先是光合细菌的大量繁殖，占到水体微生物的优势群体，从而抑制了病原菌的生长繁殖，再者是光合细菌细胞壁的多糖等生物活性分子是有效的免疫激活因子，并具有明显的抗病毒作用。已有研究报道，光合细菌对鱼虾腐鳃病、鲤鱼穿孔病、金鱼绵头病、鳗鱼水霉病等具有良好的防治作用。因此，光合细菌在水产养殖中的功能受到越来越多的关注。

一、光合细菌的筛选鉴定

（一）菌种形态特征

从广东台山高产虾塘的底泥中筛选获得一株能够降解氨氮和亚硝酸盐的光合细菌菌株，命名为沼泽红假单胞菌 *Rhodopseudomonas palustris* ZP23，菌株在光照厌氧培养下，繁殖速度较快，在扩大培养基中培养液颜色由淡粉红色逐渐变成棕红色；在固体培养基上，菌落呈圆形，棕红色，直径为 1～4 mm（图5-1）。光营养培养的细胞呈杆形，偶见弯曲，极生鞭毛，革兰氏阴性，细胞大小为（0.6～0.9）μm×（1.2～4.0）μm，细胞通过出芽的方式不对称分裂，老龄菌体聚集，常呈玫瑰花饰状（图5-2）。

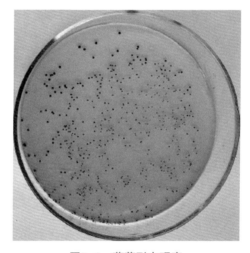

图5-1 菌落形态观察

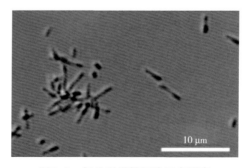

10 μm

图5-2 相差显微镜细胞形态观察

（二）菌种培养特征

光合细菌能够利用光能作为能源，但光照的强弱对菌株的生长与代谢有较大的影响。将ZP23接种于厌氧培养管中进行光照厌氧培养，光照强度为2 000 lx，分别在不同温度下培养3天，然后用721分光光度计测定OD_{660}（图5-3）。将已接种的光合细菌置于28 ℃光照培养箱，分别在不同光照强度下培养3天，用721分光光度计测定OD_{660}（图5-4）。

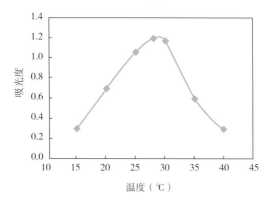

图5-3　不同温度对ZP23菌株繁殖的影响

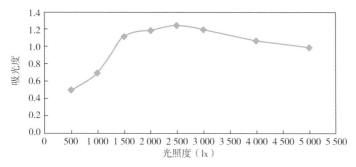

图5-4　不同光照强度对ZP23菌株繁殖的影响

由图5-3及图5-4可知，ZP23菌株在温度25～30 ℃繁殖速度快，温度过高或过低都不利于菌体繁殖；而光照强度在1 500～3 000 lx范围内生长迅速，培养液很快由淡粉红色逐渐变成棕红色，当光照强度低于1 500 lx时，菌体生长缓慢，当高于3 000 lx时，菌株细胞易老化死亡。

二、光合菌净水能力分析

为了探究*R. palustris* ZP23降解养殖水体中氨氮的降解效率，在人工合成的废水（每升废水含：CH_3COONa 0.34 g，K_2HPO_4 0.09 g，$MgSO_4 \cdot 7H_2O$ 0.05 g，$NaHCO_3$ 0.34 g）中分别添加（NH_4）$_2SO_4$、$NaNO_2$、$NaNO_3$ 作为单独 氮源，在1 000 mL的玻璃瓶中分别加入1%（10 mL）浓度的 *R. palustris* ZP23 菌液（含菌量为3.0×10^9个/mL），然后加满水样，盖紧瓶盖，形成厌氧环 境。在28 ℃，2 000 lx条件下厌氧培养，每隔12 h取水样进行检测，测量结 果如图5-5所示。研究表明，在光照厌氧条件下，*R. palustris* ZP23都能够正 常生长，72 h后NH_4^+-N和NO_2^--N的去除率分别达到72%和95.7%，说明 *R. palustris* ZP23能够高效降解氨氮和亚硝酸盐（图5-5）。

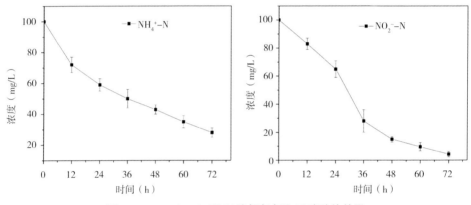

图5-5　*R. palustris* ZP23降解氨氮和亚硝酸盐效果

第三节　挺水植物—微生物联合净水

一、挺水植物净水能力比较

为了探究不同水生植物吸收净化水体中氨氮和亚硝酸盐的能力，选择 以下7种挺水植物进行试验：常绿水生鸢尾、美人蕉、黄菖蒲、水菖蒲、香 蒲、再力花、千屈菜。利用改良的霍格兰（Hoagland）营养液模拟养殖废水 （分别用亚硝酸钠和氯化铵替代硝酸钾和硝酸铵），每种水生植物分5个组 别，添加的氯化铵和亚硝酸盐的浓度分别如下。

1号组：氨氮浓度0.05 mg/L、亚硝酸盐浓度5 mg/L；

2号组：氨氮浓度0.1 mg/L、亚硝酸盐浓度1 mg/L；

3号组：氨氮浓度0.5 mg/L、亚硝酸盐浓度0.5 mg/L；

4号组：氨氮浓度1 mg/L、亚硝酸盐浓度0.1 mg/L；

5号组：氨氮浓度5 mg/L、亚硝酸盐浓度0.05 mg/L。

取样时间：每3天一次，试验周期10天。在实验室盆栽条件下研究其降解水体中氨氮、亚硝酸盐的能力，检测结果如图5-6至图5-10所示。

试验结果显示：当初始氨氮和亚硝酸盐的浓度分别为0.05 mg/L和5 mg/L时，4天后，7种植物中亚硝酸盐浓度都下降超过95%，说明7种植物都有很强的亚硝酸盐吸收能力，其中黄菖蒲、美人蕉、再力花吸收能力较强，而美人蕉、千屈菜、黄菖蒲吸收氨氮的能力较强（图5-6）；当初始氨氮和亚硝酸盐的浓度分别为0.1 mg/L和1 mg/L时，4天后，7种植物中亚硝酸盐浓度都下降超过95%，其中美人蕉、再力花、黄菖蒲吸收能力较强，而美人蕉、再力花、千屈菜吸收氨氮的能力较强（图5-7）；当初始氨氮和亚硝酸盐的浓度分别为0.5 mg/L和0.5 mg/L时，美人蕉、黄菖蒲、水菖蒲吸收亚硝酸盐的能力较强，而美人蕉、再力花、千屈菜吸收氨氮的能力较强（图5-8）；当初始氨氮和亚硝酸盐的浓度分别为1 mg/L和0.1 mg/L时，第1天时，所有植物亚硝酸盐的浓度都几乎已经降到零，而美人蕉、再力花、黄菖蒲吸收氨氮的能力较强（图5-9）；当初始氨氮和亚硝酸盐的浓度分别为5 mg/L和0.05 mg/L时，第1天时，所有植物亚硝酸盐的浓度都几乎已经降到零，而美人蕉、千屈菜、黄菖蒲、再力花吸收氨氮的能力较强（图5-10）。综合上述结果，美人蕉、千屈菜、黄菖蒲、再力花这4种水生植物吸收氨氮和亚硝酸盐的能力较强。

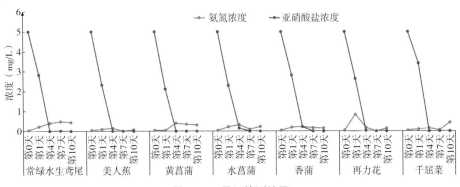

图5-6　1号组检测结果

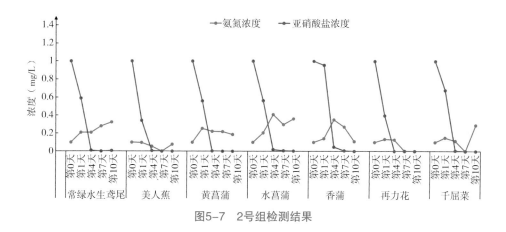

图5-7　2号组检测结果

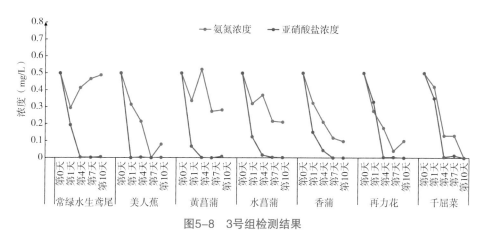

图5-8　3号组检测结果

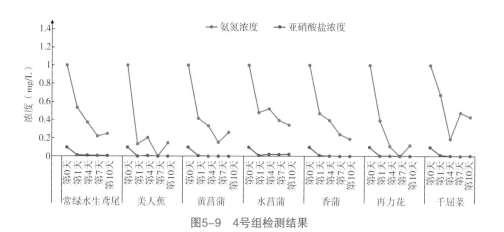

图5-9　4号组检测结果

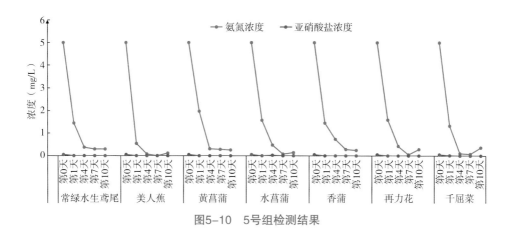

图5-10　5号组检测结果

二、微生物 — 挺水植物联合净水试验

池塘养殖系统由养殖池塘和生态渠两种功能模块组成。整个水流动过程是养殖池塘水通过潜水泵将水提升到生态渠，水体在生态渠内经过挺水植物和微生物联合净化后自流到养殖池塘，形成一个循环的养殖系统，成为一个回路（图5-11）。

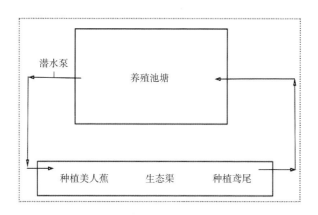

图5-11　养殖系统模式图

（图内箭头为水流方向）

本次养殖系统试验从2017年9月到2018年5月，池塘养殖放养规格为500 g/尾的草鱼和混养250 g/尾的鲫鱼，每天早上和晚上投喂一次，做到定

时、定量、定点（"三定"）。在种植区分别种美人蕉和鸢尾苗，施入少量有机肥，每隔几天定时浇水，等挺水植物生长良好后开始进行水质净化试验，试验时按生态沟渠进水体积的0.05%加入光合菌剂，光合菌剂的使用浓度为10^9 cfu/mL。定时采集进水口和出水口的水样进行氨氮和亚硝酸盐的浓度。检测结果如表5-1所示。

表5-1 挺水植物—微生物联合净水效果

时间（年、月、日，时刻）	水样	氨氮（mg/L）	亚硝酸盐（mg/L）
2018.04.26，9：00	进水	0.696 ± 0.015 a	0.243 ± 0.004 a
	出水	0.193 ± 0.015 b	0.053 ± 0.002 b
	去除率（%）	72.3	78.2
2018.05.03，9：00	进水	0.510 ± 0.020 a	0.158 ± 0.001 a
	出水	0.146 ± 0.014 b	0.055 ± 0.002 b
	去除率（%）	71.4	65.2
2018.05.10，9：00	进水	0.313 ± 0.025 a	0.116 ± 0.003 a
	出水	0.117 ± 0.015 b	0.034 ± 0.006 b
	去除率（%）	62.6	70.7

注：表中同列不同小写字母表示差异显著（$P<0.05$）。

试验运行期间，生态渠的美人蕉和鸢尾生长正常。由表5-1数据分析显示，生态渠对养殖池塘水体中的氨氮（NH_4^+-N）平均去除率达到68.4%，进水与出水差异显著（$P<0.05$），亚硝酸氮（NO_2^--N）平均去除率达到71.4%，进水和出水差异显著（$P<0.05$），出水的氨氮和亚硝态氮始终维持在1.89 mg/L和0.20 mg/L以下，符合淡水池塘养殖用水标准，没有对鱼类生长造成影响。实现了单塘水资源循环使用，在养殖鱼塘中取得良好的净水效果。

第四节　鱼塘水净化设备研发

为了降低鱼塘水体中亚硝态氮和氨氮的浓度，提高养殖水体质量，与广州资源环保科技股份有限公司合作研发了渔净罐一体化集成设备（图5-12）。

该设备包括初级过滤装置、短程反硝化反应器、厌氧氨氧化反应器、微生物培养反应器以及太阳能板供电模块。初级过滤装置将污水进行初步过滤得到一级处理污水；一级处理污水先流入到短程反硝化反应器中，一级处理污水进行缺氧反应从而将一级处理污水中的硝酸盐氮还原为亚硝酸盐氮，得到二级处理污水；二级处理污水再流入到厌氧氨氧化反应器中，使得污水中的亚硝态氮和氨氮反应而脱氮，随后排出清水。

图5-12　渔净罐一体化集成设备

培养反应器可通过设定微生物的最佳生存条件使菌种在反应器内迅速活化、繁殖、成熟，具有可以短时间、低成本获得大量高效菌种的作用，用于供应微生物菌种到反应器。

外壳的顶部设有太阳能发电组件，太阳能发电组件包括太阳能电池板以及用于向初级过滤装置、短程反硝化反应器和厌氧氨氧化反应器供电的充电电池，太阳能电池板设置在外壳的外壁并与充电电池连接，用于补偿设备能耗。

本设备工艺相比传统的硝化反硝化工艺省去了亚硝酸盐氮转化为氮气的步骤，将反硝化过程产生的亚硝酸盐和原污水中的氨氮进行脱氮反应，不仅可有效减少碳源和氧气的需要，大大提升了脱氮的效率，而且排泥量大大减少，提高了污水处理效能（图5-13）。

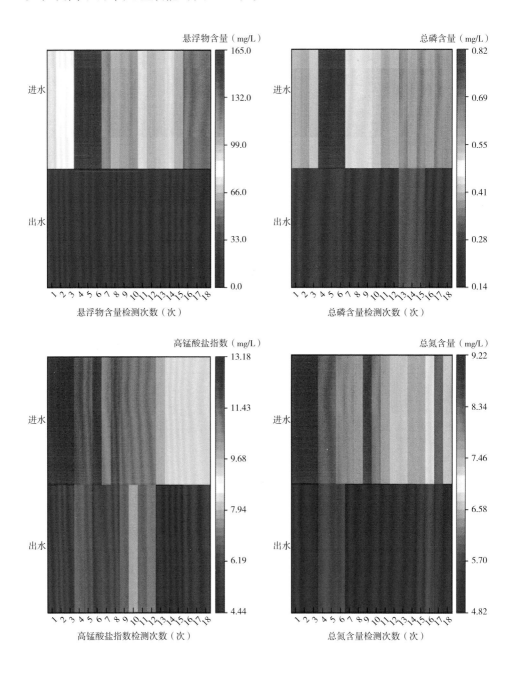

亚硝态氮含量（mg/L）

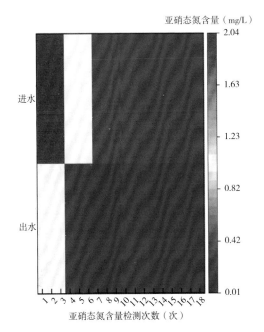

图5-13　处理前后的各类检测物质的含量变化

　　经设备净化后，养殖尾水悬浮物含量、高锰酸盐指数、总磷、总氮含量均明显减小，设备出水水质可达到SC/T 9101—2007淡水养殖排放二级的标准。

第六章　人工饲料养蚕在基塘农业中的应用

家蚕幼虫、蚕蛹和蚕蛾均富含多种活性成分，具有极高的食药用和饲用价值，也是优良中药材僵蚕和蛹虫草的生产原料，多元化开发利用前景广阔。然而，传统的栽桑养蚕模式生产规模小、劳动效率低、消毒剂用量大，导致家蚕原料成本高、质量参差不齐，严重制约了蚕业资源食药用途的开发利用。家蚕全龄人工饲料育使工厂化养蚕成为可能，能够有效防止家蚕病原感染和农药影响，能够大幅度提高劳动生产率，为家蚕原料的规范化生产和质量控制提供了新路径。近年来，本团队通过引进家蚕人工饲料和生产设备，开展了适应华南蚕区家蚕人工饲料育的技术研发，并在蚕业资源多元化开发和现代基塘农业模式构建中进行了示范应用，有效推进了蚕业资源的开发利用进程。

第一节　国内外人工饲料养蚕进展

人工饲料养蚕就是用蚕饲料替代桑叶养蚕的方法。日本是世界上最早开始家蚕人工饲料研究和实践的国家。1953年日本文部省上马"桑蚕食性改善与人工饲料实用化"研究，1960年日本农林水产省蚕丝试验场首次成功用人工饲料养蚕完成了一个世代，1975年完成了人工饲料实用化研究，1977年开始应用于小蚕共育，进入20世纪90年代以来，人工饲料育小蚕的占比达到50%以上。20世纪80年代后期，松原藤好等进行了无菌全龄工厂化养蚕并取得成功。但是，由于成本过高，全龄工厂化人工饲料育始终未能进入大面积推广阶段。

我国人工饲料养蚕技术起步较晚。1974年，蔡幼民等首次报道用人工饲料养蚕获得成功。20世纪90年代国内多个蚕业科研机构相继开展了人工饲料养蚕的研究工作，徐俊良、崔为正、张亚平等在饲料配方和适应性蚕品种选育方面均取得了较大进展。2019年广西壮族自治区蚕业技术推广站选育出人工饲料适应性家蚕品种"桂蚕5号"并取得1～2龄小蚕饲料共育中试试验的成功。至2019年年底，我国已在江苏、山东、广西、浙江、四川等多个省（区、市）的约40个示范基地进行了不同规模的小蚕人工饲料育示范。韩益飞等自2010年起在江苏如东县农村进行了人工饲料养蚕的试养工作，为人工饲料养蚕实用化作出了有益的探索。但是，总的来说，上述示范推广主要集中在小蚕饲料育，而且一直未真正大规模应用于生产。

浙江巴贝集团从2012年开始探索全龄人工饲料工厂化养蚕，2015年成立嵊州陌桑公司专业研究全龄人工饲料工厂化养蚕技术。2018年12月建成了一期4万㎡全封闭无菌恒温养蚕房并正式投产，2019年1月20日成功生产出第一批蚕茧并正式发布全龄人工饲料工厂化养蚕成果，引起国内外轰动。该养蚕工厂创建了一种集蚕品种改良、饲料配方、生产工艺、防病体系、环境控制、人工智能等多项技术于一体的现代养蚕方式，真正实现了种养分离和养蚕的规模化、标准化、集约化生产，改变了传统栽桑养蚕劳动密集型的生产模式，为传统蚕桑业健康稳定发展奠定了重要基础。从蚕业资源多元开发角度，也为蚕业资源的食药用生产提供了源源不断且质量可追溯的优质原料。

第二节　华南蚕区人工饲料育养蚕技术研究

一、家蚕品系人工饲料适应性驯化

现代蚕桑生产逐渐向规模化、工厂化、自动化、智能化等方式转型发展，人工饲料养蚕方式具有节省劳动力、不受季节限制、避免农药中毒和病原感染等优点，符合生产方式转变的需求。为适应新的产业需求，对广东蚕区主要推广饲养的三对家蚕品种开展了人工饲料适应性驯化研究（表6-1）。对两广二号、粤蚕6号和粤蚕8号的母种采用1～2龄人工饲料育，3～5龄桑叶育。经过6代人工饲料驯化与筛选后，各品种的24 h疏毛率、茧层率、虫蛹生命力等均有不同

表6-1 主推品种的人工饲料适应性驯化结果

品种	5龄经过（天+h）	全龄经过（天+h）	24 h疏毛率（%）	全茧量（g）	茧层量（g）	茧层率（%）	全龄减蚕率（%）	蔟中病蚕率（%）	幼虫生命力（%）	死笼蚕率（%）	虫蛹生命力（%）
丰9-饲1	6+7	22+7	93.2	1.056	0.177	16.71	1.38	2.80	95.85	12.02	84.33
丰9-饲6	6+7	22+7	98.3	1.183	0.214	18.09	1.00	3.20	95.83	6.61	89.50
春5-饲1	6+7	22+7	55.8	1.138	0.206	18.08	0.43	2.17	97.40	5.33	92.21
春5-饲6	6+7	22+7	97.1	1.121	0.203	18.08	0.90	1.59	97.52	5.09	92.55
湘A-饲1	7+7	23+7	96.6	1.130	0.194	17.17	0.54	2.19	97.28	37.82	60.49
湘A-饲6	6+21	23+7	99.2	1.283	0.225	17.54	0	1.63	98.37	6.08	92.39
研7-饲1	7+7	23+7	86.0	0.970	0.173	17.84	2.61	5.15	92.37	32.55	62.31
研7-饲6	6+21	23+7	96.2	1.081	0.211	19.48	0	2.42	97.58	9.32	88.48
越-饲1	6+7	22+7	70.3	0.864	0.155	17.94	2.30	12.65	85.34	10.77	76.15
越-饲6	6+7	22+7	94.8	1.026	0.202	19.64	1.30	2.89	95.85	9.73	86.53

（续表）

品种	5龄经过（天+h）	全龄经过（天+h）	24 h疏毛率（%）	全茧量（g）	茧层量（g）	茧层率（%）	全龄减蚕率（%）	蔟中病蚕率（%）	幼虫生命力（%）	死笼率（%）	虫蛹生命力（%）
航7-饲1	7+7	23+7	96.5	1.185	0.215	18.14	0.63	5.43	93.97	1.69	92.38
航7-饲6	7+7	23+7	98.8	1.056	0.197	18.63	0.93	2.11	96.98	4.55	92.58
932-饲1	6+7	22+7	82.7	0.914	0.138	15.11	0.25	5.30	94.46	4.27	90.43
932-饲6	6+7	22+7	98.6	1.074	0.197	18.29	1.52	0	98.48	4.64	93.90
芙蓉-饲1	6+7	21+7	48.6	1.061	0.187	17.60	4.60	2.85	92.68	12.64	80.96
芙蓉-饲6	6+7	21+7	92.1	1.073	0.200	18.60	0.40	2.39	97.22	8.98	88.49
7532饲1	6+7	22+7	63.2	1.030	0.173	16.81	1.54	8.89	89.71	3.82	86.28
7532饲6	6+21	23+7	96.9	0.988	0.171	17.30	0	3.06	96.94	0.79	96.17
湘晖饲1	7+7	24+7	94.8	1.118	0.205	18.34	5.30	24.67	71.34	45.85	38.63
湘晖饲6	7+0	23+7	98.3	1.216	0.225	18.50	2.27	2.33	95.45	3.57	92.05

程度的提高，饲养效果得到较大改善，群体发育整齐度较好（图6-1）。与全龄桑叶育比较发现茧层率有所下降，全龄发育经过略有延长。

图6-1 人工驯化试验

二、华南蚕区家蚕全龄人工饲料育技术研发

以华南蚕区主导家蚕品种两广二号为对象，针对广东蚕区养蚕气候特点和生产方式，分别对小蚕期和大蚕期人工饲料养殖过程中的饲料制作、给料方式与用量、眠起处理、温湿度、蚕病防控等关键环节和参数进行优化规范，创建小蚕期和大蚕期精准饲养技术，建立了华南蚕区家蚕全龄人工饲料育技术。

（一）家蚕全龄人工饲料育关键技术优化

（1）湿体饲料制作。粉体饲料和水按照1:2.2比例混合搅匀，采用蒸煮设备蒸煮30 min后取出，自然冷却后常温避光保存7天，或5 ℃条件下冷藏一个月，取出恢复常温后使用。

（2）收蚁方法。将湿体饲料用专用饲料加工器或用刀具制作成宽度0.5 cm左右的条状料块，条与条摆放间距为0.5 cm左右。也可将饲料切碎为颗粒状，均匀地撒放于蚕座上，饲料厚度不超过0.8 cm。将孵化约2 h的蚕种纸反过来，通过打落法将蚁蚕震落到蚕座上。

（3）给料。1～3龄每龄饷食时给料1次，4龄饷食时给料1次，扩座后补料1次，5龄隔天给料，也可每天视情况补料。每张种（28 000粒）1～3龄湿体饲料饲喂量分别为0.6 kg、1.2 kg和7.0 kg。

（4）小蚕饲养。采用塑料饲育盒上盖黑布暗饲育，1～2龄温度为

29 ~ 30 ℃、相对湿度为85% ~ 90%。3龄温度为27 ~ 28 ℃、相对湿度为80% ~ 85%。蚕见眠后将上下层饲育盒错开排湿。蚕室停止补湿，湿度降至60% ~ 70%，95%蚕儿就眠时在蚕座上撒一层1.25%多聚甲醛粉。2龄起蚕后加蚕网饷食，除沙，同样处理饲养至3龄眠。

（5）大蚕饲养。4龄温度为26 ~ 27 ℃，5龄为25 ~ 26 ℃，大蚕期相对湿度为80% ~ 85%。

（6）蚕病防治。进入蚕室必须换鞋。饲料饲育操作期间，应佩戴一次性手套，身体不得直接接触饲料。每日通过紫外光蚕室消毒，除沙后进行地面消毒。

（二）饲料育对家蚕生长发育的影响

按照上述技术规程开展家蚕饲料育试验，调查饲料育对家蚕生长发育的影响。结果发现，饲料育两广二号正反、反交的24 h疏毛率分别为98.35% ± 0.22%和97.95% ± 0.15%，桑叶育对照区分别为99.43% ± 0.07%和99.54% ± 0.12%，两者之间差异不显著，表明该饲料配方对两广二号较为合适，发育较为整齐（图6-2）。另外，饲料育不受季节影响，各批次之间较为一致，而桑叶育受季节和桑叶质量影响较大，3龄眠蚕和5龄熟蚕蚕体质量随之有较大差异。

1龄蚕　　　3龄蚕　　　5龄蚕

图6-2　全程人工饲料育

（三）饲料育对蚕茧经济性状的影响

由表6-2可见，全程饲料育获得的两广二号正交、反交的全茧量分别为1.50 g ± 0.10 g和1.48 g ± 0.06 g，高于桑叶育对照组正交、反交的全茧量1.31 g ± 0.06 g和1.34 g ± 0.08 g，但差异不显著（$P>0.05$）；饲料育正交、反交的茧层量分别为0.27 g ± 0.03 g和0.26 g ± 0.02 g，桑叶育正交、反交的茧层量为0.27 g±0.03 g和0.27 g±0.02 g，两者之间差异不显著（*P*>0.05）；饲料育正交、反交的茧层率分别为17.68%±0.82%和17.56%±0.99%，而桑叶育正交、反交的茧层率分别为20.94%±1.79%和20.15%±1.04%，两者之间差异显著（*P*<0.05）。另外，万头蚕茧产量统计结果也表明，饲料育蚕茧产量明显高于桑叶育，推测与桑叶质量较差有关。但是，饲料育茧层率显著低于桑叶育，说明饲料育蚕蛹较重，更适合以蚕蛹为原料的食药用开发。

表6-2　全程饲料育茧经济性状

饲育方式	品种	全茧量（g）	茧层量（g）	茧层率（%）	万头蚕产茧量（kg）
饲料育	正交	1.50±0.10	0.27±0.03	17.68±0.82	14.85
	反交	1.48±0.06	0.26±0.02	17.56±0.99	15.27
桑叶育	正交	1.31±0.06	0.27±0.03	20.94±1.79	13.62
	反交	1.34±0.08	0.27±0.02	20.15±1.04	13.22

第三节　人工饲料育在蚕业资源多元开发中的应用

一、家蚕饲料育技术在蚕桑科普中的应用

在佛山市顺德区新地农场和广州市花都区宝桑园等蚕桑科普旅游景区建立了家蚕饲料育展示基地，开发了基于饲料育的蚕宝宝科普套装，满足了中小学生的学习需求。

二、家蚕饲料育技术在蚕业资源开发中的应用

在佛山市顺德区万安村建立了家蚕饲料育技术示范基地，蚕蛹用来生产蚕蛹味肽，蚕沙发酵后用来生产水产饲料，蚕茧用来生产高档丝绵被，解决了蚕业资源食药用开发中的原料生产环境不可控、质量不稳定的难题，实现了蚕业资源的高效开发利用，与传统桑叶育相比，养蚕效益显著提高。

三、家蚕饲料育技术在家蚕生物转化中的应用

（一）僵蚕的工厂化生产

采用全程饲料育饲养家蚕，5龄起蚕接种白僵菌，第6天家蚕集中发病死亡，发病经过和全程桑叶育无显著影响。在春、秋季桑叶质量较好的情况下，获得的僵蚕单体质量无显著差异。然而，在冬季桑叶质量较差的情况下，全程饲料育获得的僵蚕质量更优，外观个体更为饱满（图6-3、图6-4），采收干燥后的僵蚕单体质量为0.55 g±0.04 g，而桑叶育获得的僵蚕条重仅为0.43 g±0.09 g，两者具有显著差异。而且，全程饲料育实现了家蚕的种养分离和僵蚕的周年规范化生产，为僵蚕产业的发展提供了重要条件。

图6-3　饲料育（左）和桑叶育（右）获得的僵蚕　　　　图6-4　饲料育繁殖僵蚕

（二）蛹虫草的工厂化生产

采用全程饲料育饲养家蚕获得的蚕蛹进行蛹虫草生产（图6-5）。由于全程饲料育生产的蚕茧死笼率低，蚕蛹质量好，接种蛹虫草菌种后蚕蛹坏死的比率显著降低，每张蚕种获得的蛹虫草产量提高15%以上。

图6-5　饲料育培养蛹虫草

第七章　　桑枝栽培食用菌

桑枝是桑树的枝干和枝条的总称。它的生物量很大，广东每亩桑园可产近1吨桑枝。桑枝是栽培食用菌的好材料，也是现代桑基鱼塘生物资源的重要组成部分。

第一节　　桑枝栽培食药用菌概况

食药用真菌已有数千年的栽培历史，可作为人体的食物来源，部分药用真菌具有多种生物活性。而桑枝是栽培食药用真菌的优质资源。桑枝一直以来是蚕桑生产中量最大的副产物，每年必须大量剪伐，每亩桑田可产桑枝1吨左右。将桑枝粉碎后，可栽培食用菌，延长蚕桑产业的产业链，产生更高的附加值。目前，采用桑枝栽培食药用真菌的种类已达十余种，主要包括：灵芝、桑黄、木耳等。而灵芝和桑黄药理作用强，产品附加值更高，逐渐引起学者们的广泛关注。

灵芝和桑黄是我国传统的珍贵药材，而2020年起灵芝已被国家卫健委、市场监管总局纳入既是食品又是中药材的物质管理试点。

灵芝是灵芝科灵芝属真菌。活性成分主要有：多糖、三萜、甾醇类、蛋白质、多肽氨基酸、生物碱等。具有抗肿瘤、免疫调节、抗病毒、抗骨质疏松、降血脂、保肝、预防和改善神经退行性疾病、预防和治疗脑损伤、抗炎、抗过敏、抗氧化、抗动脉粥样硬化、抗衰老、保护心血管、预防和治疗皮肤病、抑菌、抑制酒精引起的神经代谢疾病、调节肠道菌群、抗辐射等作用。

桑黄又称桑臣、桑黄菇，属于多孔菌科粗毛纤孔菌的药用真菌。桑黄活性成分主要有：萜类、酚类、黄酮类、多糖、甾体类等。具有抗肿瘤、保肝护肝、免疫调节、降血糖、抗炎、抗氧化、抑菌等活性。

第二节　桑枝栽培食用菌技术

一、桑枝栽培灵芝技术

在我国华南地区，剪伐季节一般在冬至前后，大量桑枝可用来栽培灵芝，因此，灵芝培养料制作时间宜在12月下旬至翌年1月上旬，3月上旬栽培，5月采收，既可以满足灵芝生产所需的温湿度条件，又不影响种桑养蚕的基本需要。

自1997年开始广东省农业科学院蚕业与农产品加工研究所开展了桑枝灵芝栽培技术的研究。目前，桑枝灵芝子实体、桑枝灵芝切片、桑枝灵芝超微粉、桑枝灵芝孢子粉等已投放市场。从多年市场反馈的信息可知：桑枝灵芝系列产品前景广阔，其总体的生产技术过程主要包括：培养料的制备及装袋、灭菌、接种、菌丝培养、仿野生栽培、采收与晒干、成品灵芝。

1. 培养料的制备及装袋

主要有两种方法：一种是将桑枝粉碎成新鲜桑枝屑的代料栽培方法，混合其他配料装袋，配方为桑枝屑78%～83%、麸皮15%～20%、白糖1%、石膏1%，含水量为60%；另一种是直接将桑枝截成15 cm左右的小段装袋的桑枝条打捆栽培，装袋时在枝条与两头间填少量填充料，填充料配方可采用第一种方法的桑枝屑代料的配方。装袋一般选用聚乙烯塑料袋，规格建议为：对折径17～20 cm，厚度0.5 μm的筒料袋，使用前剪为45～50 cm长度备用。

2. 灭菌

采用常压灭菌，灭菌时锅内温度达到100 ℃，保持4 h，让其自然冷却。

3. 接种

菌种选择与繁殖：桑枝栽培灵芝须选用合适的灵芝母种，可从相关单位购买或从正在生长的幼嫩灵芝子实体上组织分离获得灵芝母种。

接种方法：当料袋温度冷却至30 ℃左右，接种效果最佳。接种方法从两端袋口接种。接种时拆去原袋口环盖，打开袋口，用灭过菌的镊子去除表面老菌皮。将下部菌种挖松、捣碎，倒于灭菌的瓷碗中，解开料袋袋口，用大汤匙舀取菌种一汤匙倒入袋内，适当振动将菌种落入袋壁，整个接种动作要快捷，袋口暴露时间不宜过长，以免污染杂菌。所有料袋接种后移入培养室进行菌丝培养。

4. 菌丝培养

菌袋放置：菌袋可按照墙式堆放，即将菌种袋从地面堆叠卧放，叠好后，上方铺一张塑料薄膜，将菌袋完全覆盖。

温度：保持在20~25 ℃，接种后至菌丝封住表面之前，温度不应太高。在20~22 ℃即可。初期温度高容易产生杂菌。

湿度：培养室空气相对湿度不宜超过65%。若空气相对湿度过低，可采用加湿器加湿，或往地上泼一点水，但不能出现积水。

空气：袋口菌丝向里生长2~3 cm时，要解开袋口，加快空气进入袋内，但袋口张开不宜过大，只要有微缝即可。空气既可进入，又不会造成杂菌污染。

光照：灵芝菌丝生长不需要光照，光照反而会影响菌丝生长，因此，菌丝培养室门窗宜用黑布遮盖，实行避光处理。

5. 仿野生栽培（子实体培养）

当灵芝生产袋经过50~60天的菌丝培养，也就是到3月上旬左右，菌丝已经长满袋并达到生理成熟，即可进行子实体栽培。桑枝栽培灵芝一般都采用室外埋土栽培，也即仿野生栽培。

（1）场地选择与荫棚搭建。栽培土壤以沙壤土至壤土为宜，最好选菜园土。场地必须排水方便，四周无茂盛的高秆杂草，无白蚁为害，丘陵山区宜选避风位置。栽培场地上方需搭建荫棚以遮阴，棚顶用遮光率大于70%的遮阳网遮盖。棚架要坚固，能抗大风。

（2）整地起畦。在栽培前还需将栽培场地进行松土、平整、起畦处理，并清除场地内的石头、杂草、朽木等，还需用灭蚁灵或敌百虫分次喷施或用氨水泼浇于周围场地，杀死各种害虫与虫卵。畦宽130 cm、高15 cm左右，畦长不限，但畦短操作较方便。畦之间的沟宽50 cm。

（3）埋土栽培。

埋土：先在畦面开种植沟，深度以菌棒刚好能竖埋为准。埋土前先将菌袋的塑料袋全部脱去，取出菌棒，然后将菌棒以5 cm的间距竖埋于土中，上覆土1~2 cm。

稻草覆盖：菌棒埋于土中后，覆土层表面需覆盖一薄层无霉菌稻草，厚度以不见土为宜。

喷水：铺好稻草后立即喷一次水，喷水量以达到土粒用手指能捏扁、不粘手为止。以后直到夏季出芝结束，覆土层的湿度基本上都要保持这个要求。

建拱形棚：用毛竹片或细钢筋弯成拱形，两端插于畦两侧，每隔60 cm一根。拱形架中间离畦面70 cm左右。拱形架建好后再在架上盖塑料薄膜，将整个畦面盖住。

（4）出芝管理。

温度：温度低于22 ℃时将拱形塑料棚密闭，天冷但有阳光时不妨将荫棚上的遮阳网拨开，增加阳光照入量。栽培后期若温度超过25 ℃时要把拱形棚两端的塑料薄膜揭开；若温度超过28 ℃时将拱形棚中部两侧的塑料薄膜用小竹竿撑起，并在荫棚上再覆盖一层遮阳网或加盖其他物料，遮去更多的阳光。

湿度：灵芝生长期间要求空气湿度达到85%~95%，应根据土粒含水量、空气湿度和灵芝大小适量喷水。在整个栽培期间都应保持畦面土粒湿润，达到用手一捏即扁、不裂开、不粘手、含水量为18%~20%。

疏蕾：当灵芝芝蕾破土而出，应抓紧时间在芝蕾开片之前进行疏蕾。疏蕾的做法是去弱留强，每株菌棒留2~3个粗壮的芝蕾，该菌棒的其他芝蕾都用剪刀剪掉。疏蕾时要注意所留的芝蕾不能靠在一起，以免日后灵芝长大时发生粘连，降低灵芝品质。

揭膜通气：在整个出芝期间，荫棚下的拱形棚的塑料薄膜应根据子实体生长、发育的要求适时揭开一定时间，以降低棚内空气中的CO_2含量，调节棚内温度与湿度，从而更好地促进灵芝生长。通风量还要根据气温变化来调节，气温低时通风量适当减少，气温高时通风量要增加，下雨时则要把塑料薄膜完全覆盖好。

6. 采收与晒干

（1）采收。子实体成熟的标准是芝盖边缘的色泽和中间的色泽相同。但子实体成熟后还应继续培养7～10天，使子实体更坚厚，并让其充分散发孢子粉。采收的方法是用剪刀齐灵芝柄基剪下，然后再修整，菌柄保留2 cm长。采收和修整时要注意灵芝的正面和腹面都不能用手接触到，以免降低灵芝品质。

一潮灵芝采收后应将畦面重新整理，除去杂草，适当补撒土粒，使覆土层厚度和开始时相同，然后再与长第一潮灵芝一样进行管理。一般一批菌棒可以采芝3潮。

（2）烘干。灵芝采收后要求在2～3天内烘干或晒干，否则腹面菌孔会变成黑色，降低品质。晒灵芝的场所要干净，晒时腹面向下，一个个摊开。若遇阴天不能晒干，则应用烘房（箱）烘干，烘温不超过60 ℃。如灵芝含水量高，开始2～4 h内烘温不超过45 ℃，并要把箱门稍打开，使水分尽快散发。烘干后即得成品灵芝。

二、桑枝栽培桑黄技术

桑黄的生长对外界环境有较为严格的要求。本研究组对桑黄仿野生栽培的环境及技术进行了探索。

桑黄的生产过程主要包括培养料的配制、灭菌、接种、发菌、出黄管理、采收、烘干。

1. 培养料的配制

将原材料按桑枝屑76%、稻壳2%、棉籽壳10%、玉米粉10%、蔗糖1%、石灰1%等培养料，充分搅拌均匀，调整培养料含水率至65%，装入聚乙烯菌袋。

2. 灭菌

采用常压灭菌，灭菌时锅内温度达到100 ℃，保持4 h，让其自然冷却。

3. 接种

在超净工作台中于袋的一端或两端接入桑黄原种（菌种），于28 ℃恒温状态下进行培养。

4. 发菌阶段

（1）建造桑黄棚。建造合理的桑黄棚是取得桑黄高质以及高产的重要条件。根据桑黄的生物学特性，选择保温、保湿、通风良好、光线适量、排水顺畅、方便管理的桑黄大棚，桑黄棚大小要求根据桑黄菇棒的多少而定，把桑黄棚建在有树阴处、靠近水源地最合适，亦可在大棚内建设桑黄专用的拱棚，拱棚上方进行适当遮光处理，如空气湿度不够，可采用加湿器定期向棚内加湿。培养料入棚前要严格消毒，空间用甲醛5 mL/m³和高锰酸钾10 g/m³密封熏蒸24 h之后使用。

（2）发菌。桑黄是喜温型真菌，在生长发育过程中，对温度的要求较高，菌丝生长的最佳温度为24～28 ℃，子实体最适生长温度为18～26 ℃，桑黄菌在菌棒发菌阶段，需在黑暗条件下进行，有光会导致菌丝变黄老化。

发菌期间，培养室内保持24～28 ℃，空气相对湿度要求50%～60%，每天通风半小时，每隔5～7天菌袋上下翻动一次，当菌丝体发满2/3时，移入培养棚内，分层排放，一般每排放6～8层高，35天左右菌丝可长满。个别料袋菌丝发育不均，可挑出单放。

待桑黄菌丝长满栽培袋10天左右，菌丝呈现深黄色或者栽培袋内开始出现凸起的瘤状原基，此时将栽培袋转移至棚内进行培养。

5. 出黄管理

当菌丝长满后，将料袋两端开5分硬币大小的圆形口，以利出黄。出黄时，棚温保持在18～26 ℃，空气相对湿度提高到90%～95%，并提供散射光和充足的氧气。每天向壁内四周及空间加湿3～4次，每天上午8时以及下午4时以后打开门及通风口换气，气温低时，在中午12时至下午2时通风换气。

原基膨大3～5天，逐渐形成菌盖，要增加喷水以保湿，气温过高要喷水控温。通风不良易出畸形桑黄，出现畸芽要及时割掉。

6. 采收

当菌盖颜色由白变浅黄再变成黄褐色，菌盖边缘白色基本消失，边缘变黄，菌盖开始革质化，背面弹射出黄褐色的雾状型孢子时，表明桑黄子实体已成熟，即可及时采收。桑黄久未采收，颜色会逐渐转为深褐色，甚至黑色。一般从割口到采收需要50天左右，从接种到收获不超过90天。

采收时需戴手套，将桑黄子实体取下。在出黄阶段，由于空气湿度较大，成熟桑黄子实体上易生长少量杂菌。因此，在桑黄子实体成熟时，应尽快采收，切勿使用农药。

7. 烘干

取下的子实体，进行烘干处理，经蒸汽杀菌处理后，复烘一次，干燥后即得成品桑黄。

第八章　　桑基鱼塘的历史文化

生态和文化是桑基鱼塘的灵魂，现代桑基鱼塘文化也需要与时俱进，不断创新。

第一节　桑基鱼塘的发展历程

一、珠江三角洲地区桑基鱼塘的形成

珠三角劳动人民早在汉唐时代，就开始从事植桑养蚕和养鱼等农业生产活动。宋朝以后，中原百姓为躲避战乱，南迁至珠三角，带来了中原先进的农耕技术，针对地势低洼的地理特点，与珠三角劳动人民一起防治水患，修建堤围，疏通河涌，挖塘筑基。至明代初期，逐渐形成了基、塘的生产形式，但最早是"凿池蓄鱼"，基面"树果木"，基和塘相互间没有一定的比例。

明代中期至清代初期，珠三角随着社会发展和生产力提高，蚕桑产业也相应发展。明嘉靖元年（1522年），明廷封闭了泉州、宁波两港，广州成为对外贸易的中心，蚕业的商品性日益增大。明末清初，当地人民经过长期生产实践，将种桑和养鱼配合生产，珠三角桑基鱼塘开始兴起。当时主要在珠三角西北部的范围，其中以南海县的九江、顺德县的龙山龙江、高鹤县的坡山等乡为早，而且发展较快。但是，由于当时生产的土丝质量较差，比不上国内其他产地，销路不广，价格较低，蚕桑生产处于较次地

位。这时候的桑塘区生产中，仍以养鱼业居主要地位。南海县"九江利赖，多藉鱼苗，次蚕桑"。高鹤县的维墩村，虽然"妇女皆以蚕桑为业"，但经济收入仍是"池鱼利最饶，常舟载而鬻诸省会"（出自《鹤山县志》1754年版）。清代广东顺德秀才卢燮宸"生长农乡，素知蚕事"，且有"利众之怀"，为了推广桑基鱼塘的生产技术，"以便远近农民依仿"，他"详考老农，透参各法"，系统总结了广东"桑基鱼塘"生产的各项技术，编著了迄今发现中国古代有关"桑基鱼塘"的唯一专著——《粤中蚕桑刍言》（图8-1）。

图8-1　《粤中蚕桑刍言》

二、桑基鱼塘的发展高潮

清乾隆中期至民国中期，蚕丝业有较大发展，在桑塘生产中上升为主要地位，推动了桑基鱼塘的迅速发展，并经历了三次发展高潮。第一次高潮是18世纪30年代至鸦片战争前，由于清政府封闭了其他外贸商港，广州成为全国唯一的对外贸易港口，生丝外贸非常畅销，效益很好，珠三角地区蚕桑业发展迅速，期间掀起"弃田筑塘，废稻树桑"热潮。第二次高潮是19世纪后期清咸丰、同治年间，西方资本主义国家机器工业迅速发展，国际市场对生丝需求量增加，当时蚕丝主产国法国由于家蚕微粒子病导致生丝量锐减，同时南海人陈启沅引进、创新了机器缫丝技术并在珠三角推广，生丝质量大大提升，成为国际主要的蚕丝出口基地，珠三角范围内再次掀起了全面的"弃田筑塘，废稻树桑"热潮。第三次高潮是第一次世界大战后，资本主义国家缫丝工业逐渐恢复，需要大量生丝原料供应，珠三角生丝具有柔软、光滑、坚韧、着色容易的特点，生丝品质高，而成本比欧洲和日本低廉，外销量激增，大大刺激了珠三角种桑养蚕和缫丝工业的发展。珠三角桑地面积由1921年的96万亩增至1925年的139万亩，年产蚕茧48万担（1担＝50kg，下同），缫丝厂近300家，年产生丝12万担，一度成为全国三大蚕区之一。当时珠三角遍布桑基鱼塘，并且因为种桑养蚕效益比养鱼好，所以塘基面积比例大于鱼塘面积，大部分采用"四水六基"的生产结构。

三、桑基鱼塘的衰退

1929年世界经济危机爆发后，生丝市场萧条，珠三角桑基鱼塘迅速衰落，桑地面积急剧减缩，1935年缩减为5万亩。1938年秋，侵华日军侵占广州以及珠三角，蚕桑业遭到进一步破坏，主要蚕桑地区如顺德、南海、中山等三县，仅有完整的桑地约1.2万亩，比1925年减少了90%以上。抗战胜利后，国际生丝市场需求增大，生丝价格一度回升，桑地也恢复不少，至1949年，珠三角桑地总面积2万亩，约为20年前的1/10。随着社会的发展，蚕桑业逐步向粤西、粤北等相对落后区域转移，桑基鱼塘逐步被效益更高的菜基鱼塘、花基鱼塘、草基鱼塘和杂基鱼塘等所替代。目前，珠三角区域仍有基塘面积300万亩，近年来，由于养鱼利润高，鱼塘面积比例不断增大并进行高密度饲养，基面多被荒废弃，传统桑基鱼塘已非常少见。

四、珠江三角洲地区桑基鱼塘系统的创新发展

珠三角地区经济发达，现代化与城镇化推进速度很快，越来越多的农村正在消失。传统农业科学技术中有许多有价值的元素，在现代化过程中仍然具有生命力，保护和发展传统桑基鱼塘，发掘先人在耕作、养殖、水利工程等方面的智慧，同时对这些朴素的经验进行改进提高，对于发展当代健康生态农业和弘扬岭南传统农业文化具有重要意义。

纵观珠三角桑基鱼塘发展的兴衰史，实际上就是社会经济适应变化的历史。随着社会的发展，桑基鱼塘的结构和功能也应与时俱进，在基面种植上，除桑树外，筛选优质、绿色、高效的果蔬品种进行混合种植，优化基塘布局，建立农作物—畜禽养殖—水产养殖、农作物—深加工—水产养殖等多种创新发展模式。

（一）多元化开发提高生产效益

蚕桑资源综合利用科技的进步，为蚕丝产业的多元化发展提供了支撑，同时也为桑基鱼塘的复兴提供了思路。近年来，在广东省农业科学院的技术支持下，珠三角桑基鱼塘不断开拓创新，对桑基鱼塘中各环节相关的物质、

生物和文化资源进行综合高效的开发利用，建立了适应社会发展的高效益的多元化桑基鱼塘模式，从种桑养蚕、养鱼至养畜、养人、养地、养文，深入开发和推广示范蚕桑食药用、肥料用、饲料化加工新技术，延长了产业链，提高了经济效益。

（二）生态开发保障农产品安全

研发和推广生态饲料、肥料及环境友好的病虫害防控技术，保障农产品安全；研发和推广鱼塘水质净化关键技术，控制和减除养殖废水，提升水体质量，保障水产品安全；实行标准化生产，塑造"蚕桑生态鱼""蚕沙生物农产品"等绿色生态品牌，产品积极申请无公害产品、绿色食品认证。

（三）发展休闲农业

目前，美丽乡村建设如火如荼，走进乡村、融入自然的休闲农业的发展为桑基鱼塘的发展提供了很好的机遇，果桑采摘、赏鱼捕鱼、蚕丝文化及技艺展示、基塘美食等都是极具吸引力的游乐项目。珠三角地区已建立了多个以桑基鱼塘为主题，融农业生产、农产品加工、科普教育、农耕体验和农业游乐于一体的休闲旅游园区，如佛山西樵的渔耕粤韵文化旅游园、佛山顺德均安的太子休闲农庄、佛山三水的蚕桑生态岛等，产生了良好的经济、社会和生态效益。

第二节　桑基鱼塘与珠三角民俗文化

桑基鱼塘在珠三角有400多年辉煌历史，为当地的经济发展、社会进步和文明推进作出了卓越贡献，也孕育了丰富多彩的岭南民俗文化。

一、蚕桑丝绸文化

《广东省志·丝绸志》记载，唐朝时期，南海地区"壤土饶沃，田稻再熟，蚕桑五收"，这说明一千多年前珠三角蚕桑业生产已经达到较高水平，到了明代，桑基鱼塘生产方式形成后，珠三角已成为广东也是国内最大的蚕桑生产基地，农村缫丝工业也迅速发展，不仅生产大量生丝供应本地丝织业需要，而且有大量生丝出口。特别是到了清同治十二年（1873年），南海官山堡简村陈启沅在本村兴办起我国第一家民族资本主义工业的机器缫丝厂，清光绪十年（1884年），陈启沅又制成了单车缫丝机（足踏缫丝车，又称踏幻），生丝产量和品质都大大提高，更适应国内外市场的需要，大大地促进了缫丝工业的发展。1922—1926年，珠江三角洲年产生丝6.5万担以上，占了全省总产丝量的62%），同时带动了丝织业发展，丝织业最盛的1922—1926年，珠江三角洲有大小丝织厂数千间，丝织机3万台，年产纱绸200万～250万匹，织造纱绸、茧绸、制线和晒莨的丝织业工人达2万多人，有晒地5万场，日产纱绸量1万匹。

桑基鱼塘的繁盛带动了蚕丝业的发展，曾创造出"一船蚕丝去，一船白银归"的辉煌，为佛山地区赢得了"南国丝都，广东银行"的称号，蚕桑丝绸文化在珠三角具有重要的文化地位。嫘祖又称蚕姑、先蚕、蚕神，是轩辕黄帝的元妃，发明了养蚕，被誉为中华圣母，目前在珠三角仍有多个敬拜她的庙宇，香火鼎盛（图8-2）。

图8-2 蚕姑庙

二、自梳女

珠三角的自梳女也是丝绸行业促生的一批敢为人先、勇敢独立的特殊人群。据《顺德县志》记载：当时，顺德蚕丝业发达，许多女工收入可观，经济独立。她们看到一些姐妹出嫁后，在婆家受气，地位低微，因此不甘受此束缚，情愿终身不嫁，于是产生了自梳女。"梳起"即是众姐妹发誓不嫁的一种仪式，将少女辫子改梳成新妇发型，然后在神灵面前喝鸡血酒，立下终身不嫁的重誓。为了在生活上求得某种依靠，保护自己的物质利益，自梳女中还流行结拜金兰契的风俗，这在顺德乡里的各个缫丝厂中尤为盛行。"梳起"后的女子俗称自梳女，她们着统一服饰，通常是白色上衣，黑色长裤，生活起居仍然在父母家庭，但父母却不能将其强迫婚配，即使幼时已订有婚契，也只由女方结拜姐妹赔偿聘金而已，男方决不能恃强娶归。"自梳女"平日可继续居住母家，闲时常到"姑婆屋"与众姐妹聚会。

封建制度和习俗彻底破除后，自梳风俗已经式微，到了民国初年，整个中国的丝业崩溃，自梳女无以维生，部分人便去我国香港当"自梳住家女佣"，即妈姐；今日香港北角东部的七姊妹（地名），也是沿于自梳女。过去自梳女们到南洋打工，并不购置物业，为了年迈之时有一个养老的地方，自梳女们决定共建一个居住的场所。1949年，新加坡的华侨成立同乡会，顺德的自梳女遂共同出钱，通过同乡会，在顺德老家修建起了冰玉堂，1950年秋落成。2012年12月25日，顺德均安冰玉堂"自梳女"博物馆挂牌成立，并作为省级文物保护单位对外免费开放，被称为珠三角地区见证自梳女历史的地方（图8-3）。

图8-3　冰玉堂

三、香云纱

香云纱俗称莨绸、云纱，是一种用广东特色植物薯莨的汁水对桑蚕丝织物涂层、再用珠三角地区特有的含矿河涌塘泥覆盖、经日晒加工而成的一种昂贵的纱绸制品，由于穿着走路会"沙沙"作响，所以最初叫"响云纱"，后人以谐音叫作"香云纱"。

民间传说珠三角渔民用薯莨浸泡渔网使渔网变得坚挺耐用，渔民在浸泡渔网时衣服上也染上了薯莨汁，日而久之渔民发现衣服浸泡了薯莨汁后，也像渔网那样坚挺，再沾染了河泥使衣服发出黑色的光亮，衣服越穿越柔软耐用，因此渔民在浸泡渔网时也开始浸泡自己日常生活的衣服。珠三角当时到处都是桑基鱼塘，人们过着男耕女织的生活，因丝绸面料用久了较易发黄、并易皱、不耐穿，逐渐生产丝绸的农户将这种渔民浸泡织物的方法，用于浸泡丝绸面料上，这就是莨纱绸染整的前身。

香云纱制作工艺流程：坯绸准备→薯莨液制备→浸莨水→晒莨→洒莨水→一次封莨水→一次煮绸→二次封莨水→二次煮绸→三次封莨水（俗称"起货"）→过泥→清洗河泥→四次封莨水（俗称"复乌"）→摊雾。香云纱制作工艺独特，数量稀少，制作时间长，要求的技艺精湛，穿着滑爽、凉快，能除菌、驱虫，对皮肤具有保健作用。2008年，香云纱染整技艺被列入国家级非物质文化遗产。2011年，原国家质检总局批准对"香云纱"实施地理标志产品保护（图8-4）。

香云纱晒场　　　　　　　　　　　　　　香云纱展示

图8-4　香云纱

四、十三行

蚕桑贸易需要有优越的地理环境，蚕丝制品在对外贸易中充当了重要的桥梁和纽带作用，特别是培养了珠三角人对外贸易的经验。自秦汉以来，广东就一直是对外贸易的重要关口。康熙二十三年（1684年），粤海关官府招募了十三家较有实力的商行，命名"外洋行（俗称十三行）"，指定他们与洋船上的外商做生意并代海关征缴关税。到乾隆二十二年（1757年），清政府下令"一口通商"，四大海关仅留广东一处，作为粤海关属下的中外交易场所，广州十三行成为清帝国唯一合法的外贸特区，中国与世界的贸易全部聚集于此，直至鸦片战争为止，这个洋货行独揽中国外贸长达85年。当时，十三行口岸"洋船泊靠，商贾云集，殷实富庶"，被誉为"金山珠海，天子南库"。

清代，广州十三行一带有5 000余家专营外销商品的店铺，主要贸易产品为丝绸、茶叶和陶瓷等，拥有通往欧洲、拉美、南亚、东洋和大洋洲的环球贸易航线，是清政府闭关政策下唯一幸存的海上丝绸之路，并创造出"一船蚕丝去，一船白银回"的辉煌，有力地促进了桑基鱼塘的发展。十三行的行商家产总和比当时的国库收入还要多，是货真价实的"富可敌国"。同时，作为对外贸易的物流中心，十三行也为宫廷采办输送了大量的珍奇洋货。此外，通商贸易使最初的贸易货栈发展成为中外文化交流的窗口，洋行商人成为吸纳西方科学文化的先行者，十三行促进了中国与西方文化交融。

五、桑园围

珠三角地势低洼、水患严重，长期以来，堤围修建与基塘结合起来，很好地解决了水旱调蓄的问题。珠三角独特的"大围+子围"堤围修筑使得外水带来的洪水之患得以削弱，堤围修筑后形成大小相通的河涌，又兼具交通运输功能（图8-5）。

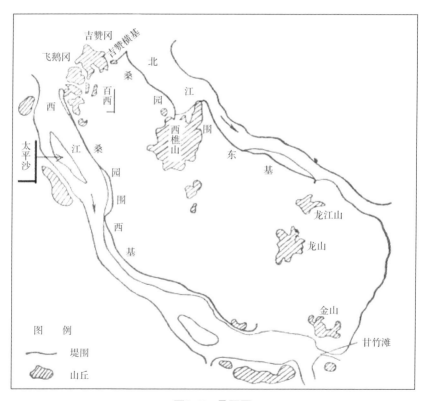

图8-5 桑园围

位于佛山市南海区和顺德区境内的桑园围，历史上因种植大片桑树而得名，始建于北宋徽宗年间，后经数次修筑完善，逐渐形成集围垦、灌溉、防洪、抗旱、交通、运输、养殖等多种功能于一体的大型基围水利工程。桑园围内，水利系统发达，生态环境良好，开启了珠三角大规模农业开发的先河，"桑基鱼塘"也应运而生。村民通过堤围、河涌、窦闸灌排，开发注地、河滩，改造水塘养鱼，塘边植桑养蚕。这样，蚕沙喂鱼，塘泥肥桑，形成良性生态循环。2020年，佛山桑园围入选为第七批世界灌溉工程遗产。

六、桑基鱼塘美食

俗话说"食在广州，厨出凤城"。"凤城"就是如今的顺德，顺德菜历史悠久，经历千百年的发展，还有历代厨师的开拓，以及本地丰富优质的食材等原因，让顺德菜成为广府菜的发源地之一，也被美食家称为"广府粤菜的核心区"，并被评为"世界美食之都"。

桑基鱼塘的生物多样性为多彩的饮食文化奠定了丰厚的物质基础，衍生了独具水乡特色的饮食文化，即以烹河塘鲜见长的烹调技艺，仅塘鱼就可烹调成几十种佳肴（图8-6）：清蒸，利用清水大火猛蒸，凸显鱼的鲜嫩肥美，关键是火候，太生则气味腥恶，太熟则质若烂布；煎焗，先煎可令原料增添香气，产生酥脆的质感和金黄的色泽，在煎至一定成熟度后采用焗则可以使热力和味道深入到原料内部，最终使得成菜表面甘香酥脆，里面滑嫩多汁；顺德鱼生，"瘦身"后的活鱼出水后，放血去鳞，以轻巧薄快的桑刀，把鱼肉片成片状，切鱼片须薄如蝉翼透明有光泽，厚度不能超过0.5 mm，片好之后要再冷冻一会儿，进食时可选择蒜片、姜丝、葱丝等不少于20种配料，再加上花生油、盐、酱油等，入口冰凉、爽滑、鲜甜，令人回味无穷；鱼塘公焖鱼，选用质地较韧的大型大龄鱼，配料以姜片、蒜瓣、陈皮丝、葱段等辛香料头，一般还会配上烧猪肉块，用海鲜酱、柱侯酱、叉烧酱等粤菜特色酱料调味，烹制时通常先煎再焖，然后打边炉（即火锅），并衍生了鱼火锅的食法；还有顺德名菜酿鲮鱼，把鲮鱼剥出皮囊，取去其骨，酿回其肉糜，保持其鱼形，使鲮鱼扬长避短，凸显鱼鲜，展现了顺德饮食中"食不厌精，脍不厌细"的精髓；还有各种鱼小吃，如著名的乐从鱼腐、均安鱼饼、绉纱鱼卷、拆鱼羹、酿鲮球、鱼面线、爽鱼皮、煎鱼肠等。

家乡酿鲮鱼　　　　　　　煎焗钳鱼　　　　　　　桑叶煎蛋

田园清蒸黄金鲩　　　　　　　　　　鱼生

图8-6　桑基鱼塘美食

第三节　桑基鱼塘旅游开发

在珠三角地区，桑基鱼塘已渐渐成为人们对历史的美好回忆，老人的怀旧情绪和少年的好奇求知心理都不同程度地呼唤桑基鱼塘的重现。特别是作为桑基鱼塘的发源地和鼎盛时期的中心分布区，佛山桑基鱼塘名声在外，时至今日，仍有许多外地人千里迢迢慕名前来参观考察。目前，珠三角已建有多个以桑基鱼塘为主题的农业旅游园区，自然和谐生态环境和浓厚的文化底蕴，让游客在畅享健康的绿色空间之余，增长见识，丰富体验，深得人们青睐。

一、渔耕粤韵旅游文化园

渔耕粤韵旅游文化园（图8-7）建于西樵山南麓，依托珠三角历史悠久、文化底蕴深厚的蚕桑文化，以岭南水乡自然风光与基塘农业景观为基础，总面积320.22 hm²，其中湿地面积316.98 hm²，湿地率98.99%。文化园中心有上千亩的基塘，种植桑树2万多棵，是珠三角地区当前保留面积最大、最完整的"桑基鱼塘"。园区通过鱼塘标准化整治，塘基种植桑树，还原珠三角水乡桑基鱼塘生产模式，建设成为集游玩、娱乐、休闲为一体的体验式文化旅游园。每年3—5月，园区举办桑蚕文化节，活动内容丰富，市民可在文化园摘果，游玩各种农耕与渔耕项目；五一假期，还会举行万人捕鱼节，千斤桑果鱼供游客捕捞。2020年，以渔耕粤韵旅游文化园桑基鱼塘为核心保护区的"广东佛山基塘农业系统"成功入选中国第五批重要农业文化遗产。

图8-7 渔耕粤韵旅游文化园

二、宝桑园（花都）新生态农业示范基地

宝桑园位于广州市花都区缠岗村山前大道旁，占地800亩，是由广东省农业科学院蚕业与农产品加工研究所建设，以蚕桑文化为核心，集现代农业和生态农业于一体，以休闲观光、科普教育为主的新生态农业旅游示范基地，先后获得"广东省科普教育基地""蚕桑文化示范基建""生态旅游星级园区""科技旅游示范基地""观光休闲示范园"等称号，是广东蚕桑文化的"旅游名片"（图8-8）。

园区拥有各类度假休闲设施，汇聚各类好玩的新奇运动，主要分为桑田采摘区、蚕桑文化博物馆、蚕宝宝体验馆、百果园、机动游戏区、水上运动区、拓展训练区、农家乐大草原、野炊烧烤区、养生别墅区、体育休闲区、垂钓区、蚕桑产品展示区等特色游乐区。春季、秋季是桑果成熟的季节，吸引着无数游客慕名前来参观采摘。此时，桑果挂满枝头，游客可在茂密桑林中边畅游穿梭，边随意摘取桑果品尝；喜欢喝汤的游客，可以摘取鲜嫩的桑芽回家煲汤，桑芽汤水鲜美，具有疏散风热、清热明目、祛痰解郁的功效；游客可以参观蚕桑文化馆，了解蚕宝宝的一生，重新感受举世闻名的丝绸之路；小朋友还可以参与喂养蚕宝宝、缫丝、制作昆虫标本等体验活动。

图8-8　宝桑园

三、南国丝都丝绸博物馆

南国丝都丝绸博物馆，位于广东省佛山市顺德区大良新城区观绿路，是民办综合类丝绸业专题博物馆。2006年以前，南国丝都丝绸博物馆的前身是缫丝工艺示范厂。2007年9月，南国丝都丝绸博物馆竣工正式开馆。博物馆占地面积10 420 m²，展厅面积已达1 200 m²，临时展厅300 m²，设有博物馆展示区、农耕文化体验区（原生态桑基鱼塘景观和二十亩桑园、葡萄园等）。顺德丝绸文史馆通过历史记载资料、图片及藏品，展示顺德丝绸产业历史记忆；丝绸文化馆通过"丝绸之路"模型示意图及藏品的展示，让游客了解中国的丝绸产业发展及文化历史；养蚕馆陈列了古老养蚕设施、工具、用具、标本，游客能在工作人员指导下亲自摘桑、喂蚕，了解蚕生长全过程；岭南文化艺术馆展示丝绸产业文化物品，不定期举办岭南书画展览；丝绸精品陈列室陈列展示现代丝绸工业系列产品，方便游客参观选购；缫丝工业馆内陈列着20世纪50年代初佛山制造的立缫机和"混、剥、选"设备及复摇机等，而且都能开动生产，游客在工作人员指导下参与实践。

四、伦教456蚕种文化创意园

伦教456蚕种文化创意园位于广东省佛山市顺德区伦教街道荣阳路2号，是由20世纪50年代成立的广东省伦教蚕种场创立的。伦教蚕种场历史辉煌久远，是广东省最早创建的家蚕原种繁殖场，珠三角桑基鱼塘的兴盛，离不开伦教蚕种场的贡献。目前园内依然保留着20世纪40年代、50年代、60年代建造的蚕桑生产历史古建筑，结合自身在蚕桑历史文化的积累和沉淀，广东省伦教蚕种场在保留原有历史建筑基础上，将园区打造成具有蚕桑历史文化特色建筑的创意园区，历史遗留的红砖、灰瓦、黄房子、绿窗户、大烟囱等旧貌，使得文化园独得摄影爱好者喜爱，已成为网红打卡和潮人聚集的至IN创意园区。园内以珠三角蚕桑科学馆为核心，总占地面积18 000 m^2，遍布蚕桑丝绸历史文化元素，并以文化教育、创新创意、创业孵化、休闲体验为主题，配套有休闲、娱乐、商业等项目。园区不定期推出蚕种纸、蚕宝宝、蚕蔟展示，真假蚕丝鉴别，丝绸服饰展、珠宝展等活动，吸引了大批游客前往参观。

五、顺德太子休闲农庄

顺德太子休闲农庄（图8-9）位于佛山顺德均安南沙岛上，河网环绕、生机勃勃，占地约2 000多亩，经过数年规划和建设，已建成基塘农业文化博物馆、桑基鱼塘农业生产体验区、蚕桑生态鲩养殖区、桑果采摘园、古桑林等项目，使这里成为一个集中展示桑基鱼塘特色的大观园。不仅能观光游玩，农业美食也是农庄的吸客招牌，园内的餐厅常年吸引食客慕名而来，尤其是其黄金鲩鱼生堪称一绝。近年，顺德太子休闲农庄通过重塑和提升桑基鱼塘生态生产模式，在打造科普教育示范基地、"农业旅游+文化创意"产业等方面得到了大步发展。

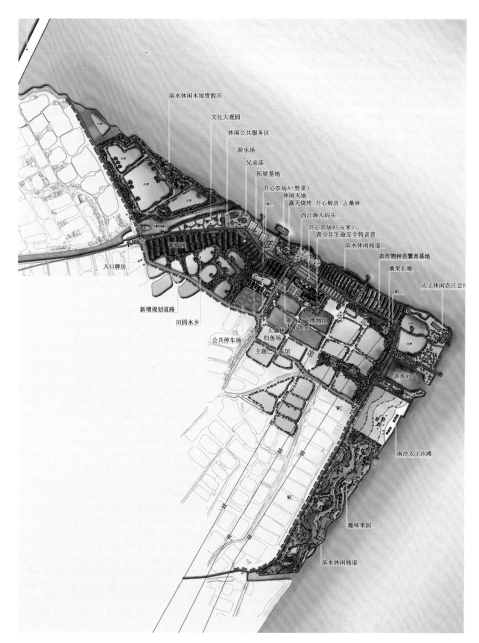

图8-9 顺德太子休闲农庄核心区规划图

六、龙江镇桑园水韵十里芳华乡村振兴示范带

从广东佛山市顺德区龙江镇的东入口万安村出发，沿着甘竹溪一路而

行，麦朗、南坑、左滩等村都建设了不少亮点项目。龙江把"零星盆景"变"连片风景"，形成龙江桑园水韵十里芳华乡村振兴示范带，建设桑园围农业研学拓展片区、工业公园拓展运动片区、万亩公园农林休闲片区、红色历史文化研学片区四大主题片区，并把沿线村居多个特色乡村振兴项目串珠成链，形成"1+4+N"的乡村振兴示范带。其中，万安村在广东省农业科学院、中国联塑集团控股有限公司的支持下，已建设了桑园围生态农业园（图8-10）、现代农业温室、万安草艇文化公园、十里果桑长廊、桑园围万安花海、现代桑基鱼塘展览馆等特色景点，打造集生态种养、休闲观光、科普体验为一体的乡村振兴文旅线路。现代桑基鱼塘展览馆从"海上丝绸之路和桑基鱼塘""蚕桑生物学知识""蚕桑多元化利用支撑现代桑基鱼塘发展""种桑养蚕——现代蚕桑丝绸产业""种桑养人——蚕桑食药用产业""种桑养畜（鱼）——动物健康饲料产业""种桑养地——生态经济蚕桑产业""种桑养文——蚕桑丝绸文旅产业""现代桑基鱼塘"等版块展示了桑基鱼塘的起源历史、农业特征、文化内涵，重点科普介绍了现代桑基鱼塘技术体系和生产模式，并通过视频、产品更加生动、形象地展示了现代桑基鱼塘创新发展成果，是全面学习了解珠三角桑基鱼塘的好去处。

图8-10　万安桑园围生态农业园

第九章　示范性美丽渔场创建

广东省提出开展百万亩鱼塘整治行动计划，其中示范性美丽渔场创建是重要的抓手。美丽渔场建设要求环境优美和绿色生态于一体，作者团队与中海（广州）工程勘察设计有限公司合作，把现代桑基鱼塘技术应用到美丽渔场建设设计中，创建了一种种养结合的生态循环农业模式。

第一节　示范性美丽渔场概述

一、项目名称

佛山市顺德区万安桑园水韵示范性美丽渔场创建。

二、项目建设地点

本项目建设地点位于佛山市顺德区龙江镇万安村和麦朗村（图9-1）。

三、项目背景

（一）政策背景

2021年11月3日，广东省农业农村厅发布《珠三角百万亩养殖池塘升级改造绿色发展三年行动方案》（以下简称《方案》），提出：践行"绿水青山就是金山银山"理念，重建岭南特色现代桑基鱼塘，打造美丽渔场，构建"产出高效、产品安全、资源节约、环境友好"的现代渔业发展新格局，不断满足人民群众对优质水产品和优美水域生态环境的需求，推进实现广东省渔业产业振兴、绿色发展、环境优美、渔民富裕。

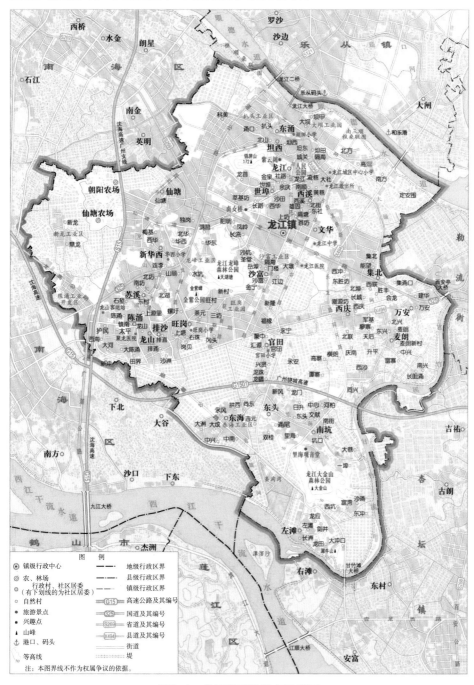

图9-1　龙江镇建设地点示意图

《方案》明确，2021—2024年，用三年时间，在珠三角包含广州、深圳（含深汕特别合作区）、珠海、佛山、惠州、东莞、中山、江门、肇庆9市开展养殖池塘升级改造行动，以规模养殖场、连片养殖场为重点，推进100万亩养殖池塘升级改造、绿色发展，建设30个示范性美丽渔场、10个水产健康养殖和生态养殖示范区、100个水产品质量安全智检小站，推广绿色、健康、生态养殖模式，覆盖率达到65%以上。

佛山市是珠三角九市之一，通过打造"场容场貌园林化、经营管理组织化、尾水治理规范化、生产过程智慧化、产品质量标准化、经营管理现代化、生产服务社会化。"美丽渔场，实现水产品提质增效、稳产减排、绿色高质量发展的目标。

（二）申报主体背景

本项目以佛山市顺德区龙江镇万安村民委员会和麦朗村民委员会为主体，统筹规划万安桑园水韵美丽渔场综合改造。建设范围包括龙江镇万安村和麦朗村连片池塘1 352亩，以桑基鱼塘为特点，主要养殖品种为加州鲈和四大家鱼。

2020年龙江镇域水产养殖总面积约1.29万亩，总产量约4.79万t，总产值约9.04亿元。优质水产品养殖面积约0.95万亩，总产量约3.35万t，总产值约7.43亿元。其中，加州鲈养殖面积6 950亩，产量为22 793 t，产值为53 894万元。规模养殖总户数为155户，养殖总面积共计5 546亩。龙江镇水产种苗孵化产业品种较多，优势明显。水产种苗孵化品种主要有鲩鱼、鳙鱼、白鲢、鲮鱼、野鲮、加州鲈、东北鲫、广东鲂、锦鲤、乌鳢、笋壳鱼、龟。其中，加州鲈年孵化量达6.5亿尾。在休闲渔业方面，龙江镇休闲渔业已有较好基础，形成了生态渔业文化旅游、垂钓度假、水族观赏等休闲观光型渔业模式。万安村依托良好的农业、文化和生态资源，建设有桑园围生态农业园、现代农业温室、万安草艇公园、万安花海、桑基鱼塘等六大特色景点，打造出集生态种养、休闲观光、科普体验为一体的"桑园水韵"乡村振兴文旅线路，是"微度假、长见识"的乡村旅游之选。

目前，万安桑园水韵渔场基础设施健全，已建有桑基鱼塘文化展览馆约600 m²；珠三角桑基鱼塘科普教育渔场约600亩；建有水产品检测服务中心；正在创建一种高密度养殖条件下单塘内循环水体污染综合防控治理新模式——多元化桑基鱼塘生态种养模式，解决珠三角水产养殖面临的农业面源污染问题，并在珠三角地区进行示范推广。

第二节　建设意义

一、美丽渔场建设是促进水产养殖业转型升级的重要基础

目前，我国水产养殖业处于转型升级的重要关口，水产养殖业以养殖尾水治理和生态改造为核心，加强现代养殖技术模式的创新应用，实施水产养殖尾水处理模式和技术，通过"治水"推动渔业产业转型升级，构建产出高效、产品安全、资源节约、环境友好的现代渔业产业体系。万安桑园水韵渔场项目推动池塘标准化以及尾水治理，通过合理布局养殖品种、渔场数字化运营等，改善落后的养殖方式，促进水产养殖业转型升级。

二、美丽渔场建设是推动水产养殖业绿色可持续发展的重要保障

党的十九大提出坚定不移贯彻五大理念，新时代渔业高质量发展需要新的理论支撑，渔业现代化和建设渔业强国需要有一个旗帜鲜明的大方向、大目标，绿色发展是渔业未来发展的必然选择。万安桑园水韵渔场采用"桑基鱼塘"的生态养殖模式，保护生态，节约用水，推动水产养殖业绿色健康发展。

三、美丽渔场建设是促进水产品提质增效的重要动力

改革开放40年来，随着居民收入水平持续提高及消费观念的转变，消费结构不断改善，居民消费从注重量的满足转向追求质的提升。万安桑园水韵渔场的建设不仅从"量"上满足消费者需要，更能有效地促进水产品更加优质、安全、多元化发展。

四、美丽渔场建设是推动渔区环境美化和渔文化传承的重要支撑

渔场和渔村是渔民生产生活的场所，美丽渔场建设通过池塘标准化改造、林荫生态廊道、绿化以及文化长廊等建设，不仅为渔民提供更加安全、

美丽的生产生活条件，还为游客提供安全舒适的观光体验，促进渔旅融合与渔文化发扬。顺德区养鱼业兴起于宋代，彼时，顺德境内开始"塞埏为塘，叠土成基"，养鱼业逐渐兴盛。顺德是桑基鱼塘的摇篮，深厚的桑基鱼塘文化，需要大力建设和发扬。

第三节　建设条件

一、区位优势显著

顺德区地处珠三角腹地，北靠广佛主城，南接中山珠海，东临广深港科技走廊，西连珠江西岸先进装备制造产业带，是连接粤港澳大湾区各大经济圈的关键节点（图9-2）。长期以来，顺德大力参与广佛共建共享工作，积极对接广佛高质量发展融合试验区建设，打造半小时广佛城市生活圈。另外，乐从镇为佛山中心城区重要板块，佛山新城所在地，拥有中德工业服务区、中欧城镇化合作示范区两大国家级对外合作平台。龙江镇是粤港澳大湾区西部重要的交通枢纽，可通过G325国道、S15省道、G1501广州绕城高速、顺番公路、乐龙路等高快速路便捷到达周边城市，区域交通门户地位凸显。

图9-2　龙江镇区位示意图

二、气候条件适宜

龙江镇地处北回归线以南。属亚热带海洋性季风气候，日照时间长，雨量充沛，常年温暖湿润，四季如春，景色怡人。夏季自4月中旬至10月下旬，长达半年多。年平均气温21.9 ℃，最低气温1.1 ℃，最高气温37.7 ℃。年总降水量为1 639 m，降水日数为147.6天。

三、创建基础扎实

（一）环境优美、绿色生态

万安村位于龙江最东边，是龙江的东入口，是广东省卫生村、佛山市生态示范村、佛山市文明村和顺德区绿色村庄，拥有即将成为世界灌溉工程非物质文化遗产的桑园围。万安桑园水韵渔场位于万安村内，一直坚持绿色发展，突出生态特色（图9-3、图9-4）。鱼塘的发展融入了桑基生态理念，因地制宜，通过对原有鱼塘进行改造，塘基种植桑树，拟创建面积达600亩的珠三角桑基鱼塘科普教育渔场，并在此基础上构建以桑基鱼塘生态农业示范区、设施渔业展示区、特色桑果采摘园、蚕桑科普研学教育等为主要内容的农业科普休闲示范区，向游客展示出高效生态农业与水利环境保护相结合的桑基鱼塘生产模式，形成"塘成方、树成行、路相通、渠成网"的绿色生态景观化场区。

优美环保的生态环境、丰富的历史文化资源、独特的地理位置，构建起万安桑园水韵渔场"文旅+现代农业+科普"融合发展新模式、新业态，激发了万安村乡村振兴的内生动力。

图9-3　环境优美的桑基鱼塘　　　　图9-4　绿色生态的桑基鱼塘

（二）科学布局、设施完善

万安桑园水韵渔场面积达1 352亩，路网完整，水电、养殖设施等齐全，目前麦朗787亩池塘正在开展尾水处理提升建设。

疫病防控方面，可依托广东顺安丰泰水产科技有限公司在万安村的水产品检测服务中心（图9-5），该中心可提供全方位的水质以及水产品检测和研发技术服务，并可依托服务平台，通过线上线下相结合的形式提供农业生产过程中的各类服务，重点包括水质和塘泥的检测、鱼病检测和水产品安全检测等技术服务，协助渔场主体建设和完善水产品常规药残项目检测体系，开展对淡水鱼和加工食品全流程检测，担负起渔场从苗种到成品、从池塘到餐桌的全过程检测和监控，真正从源头上严把水产品质量安全关，为相关企业、养殖户提供全过程质量安全技术指导与服务，确保养殖、生产、加工的产品符合质量要求，提高水产品的市场竞争力，促进渔场养殖生产可持续发展。

图9-5 水产品检测服务中心实景

（三）模式先进、科技引领

万安桑园水韵渔场正在实施面积达600亩的珠三角桑基鱼塘科普教育渔场，同时该渔场还是顺德区优质加州鲈产业园的组成部分之一，其养殖模式、生产管理均以现代农业产业园的要求执行。万安桑园水韵渔场还和广东省农业科学院水产研究中心专家团队等技术服务单位建立了良好的合作关系，为渔场的健康发展提供了极大的助力。

（四）深挖底蕴、彰显文化

顺德是桑基鱼塘的摇篮，万安桑园水韵渔场是其中的重要代表，渔场已建有桑基鱼塘文化展览馆约600 m²（图9-6），主要用于展览展示顺德现代基塘文化和桑基鱼塘农业科技内涵。此外，还建有面积达1 000 m²的现代农业温室一座（图9-7），采用基质栽培、水培等无土栽培技术，通过立柱式、管道式、墙体式的方法，展现出"蔬菜绕柱、西红柿上树"等新、奇、特的农业景观。

A.展览馆外景

B.展览馆内景

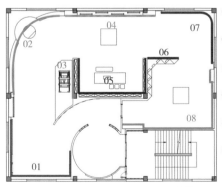

01—传统桑基鱼塘

02、03—现代桑基鱼塘技术路线图

04—设施、智能、工厂化桑基鱼塘生产模式

05、06—桑基鱼塘食药用加工

07—桑基鱼塘生物产品开发

08—桑基鱼塘文化

C.展览馆平面布局

图9-6　现代桑基鱼塘文化展览馆

图9-7　现代农业温室

综上所述，无论是环境生态、设施设备、养殖模式、科技支持、文化底蕴，万安桑园水韵渔场都具有扎实的基础，具备申报美丽渔场创建的基础条件。

第四节　总平面布置

佛山市顺德区万安桑园水韵示范性美丽渔场建设项目，建设范围包括龙江镇万安村和麦朗村池塘的1 352亩（图9-8），分布在甘竹溪两侧，其中

A.万安养殖区示意图

B. 麦朗养殖区示意图

图9-8 项目平面布局情况

万安村550亩、麦朗村802亩，均以桑基鱼塘为特点，主要养殖品种为加州鲈。万安桑园水韵示范性美丽渔场的创建，将依托良好的农业、文化和生态资源，通过塘网结合单塘循环养殖示范区建设、简易生态型鱼塘建设、多元化桑基鱼塘生态种养模式示范建设等，构建集生态科技渔业示范、特色水产品基地、非物质文化遗产的桑园围观光、农事体验等多元复合的美丽渔场，成为"微度假、长见识"的美丽乡村旅游首选地之一。

一、布置原则

综合考虑本项目的实际情况，要求平面布置要遵循以下原则：

（1）在满足生产需要的前提下，充分利用土地资源，以创造最佳效益。

（2）力求工艺流程顺畅，布局紧凑，工艺管线短捷，节省投资。

（3）力求各功能分区布置协调统一，便于生产和管理，又满足防火、环保、消防、安全、卫生等规范的要求。

二、平面布置

根据各养殖池塘的现状及特点，结合美丽渔场建设要求，建设林荫生态廊道、塘网结合单塘循环养殖示范区、简易生态型鱼塘、多元化桑基鱼塘生态种养殖模式示范区、池塘标准化改造提升、"美丽渔场"大门及标志牌、渔业数字化设施以及其他配套设施等。

（1）林荫生态廊道主要布置在万安养殖区中部，万安路与樵桑联围之间（长500 m）；

（2）塘网结合单塘循环养殖示范区布置在万安养殖区中部（面积30亩）；

（3）简易生态型鱼塘主要是万安养殖区除单塘循环示范区外的其他区域（面积535亩）；

（4）多元化桑基鱼塘生态种养殖模式示范区主要布置在示范区内鱼塘、万安村现代桑基鱼塘展览馆、现代农业温室等场所；

（5）池塘标准化改造提升主要是麦朗养殖区（面积787亩）；

（6）渔业数字化设施分布于养殖区（含专业养殖配套视频监控、养殖水体和尾水水质在线监测等物联网设备）；

（7）"美丽渔场"大门及标志牌拟设置在万安养殖区中部；

（8）太阳能路灯布置在养殖区的主要干道（共50座）；

（9）一体化环保厕所拟在麦朗养殖区甘竹溪两侧各设置一座；

（10）垃圾收集点拟在万安养殖区设置一处、麦朗养殖区设置三处；

（11）无害化处理设施拟在万安养殖区和麦朗养殖区各设置一处。

三、竖向布置

场地雨水采用有组织排水，雨水管道沿渔场道路敷设，经雨水管收集，排至城市市政雨水管。竖向标高与周围场地和道路的标高相适应，建筑物的室内标高一般高出室外场地标高0.15 m。

四、绿化

对渔场主要出入口、道路两旁以及空地增加绿化或做现状绿化提升。

第五节　主要建设内容

本项目依托广东省农业科学院水产研究中心专家团队，根据"环境优美、绿色生态；科学布局、设施完善；模式先进、科技引领；深挖底蕴、彰显文化"的建设要求，在渔场现有基础条件下，通过建设林荫生态廊道、一体化环保厕所、垃圾集中收集点、无害化处理设施等提升渔场的景观环境；通过建设塘网结合单塘循环示范区、多元化桑基鱼塘生态种养殖模式示范区、简易生态型鱼塘和池塘标准化改造提升实现养殖尾水达标处理，节约能源资源的同时减少环境负荷，提高渔场的生产环境；通过应用示范太阳能多元孵化净化技术、单塘循环尾水处理等先进技术实现渔场科技水平的提升，最终形成集水产养殖、科普、旅游为一体的示范性美丽渔场。

一、建设林荫生态廊道

（一）建设目标

对项目区内廊道进行绿化和道路硬化，两侧种植适宜树种，并在廊道两侧分片区建设生产、科普宣传栏，挖掘和宣传产业文化。宣传内容主要包括养殖品种、生产环节、节能环保等相关理论和技术点。

（二）建设原则

采用双侧式的林荫路布局在街道的两侧，可以有效地避免行人横穿街道，并有利于行人自由进入林荫路，营造街道两侧对称景观。在道路绿化效果设计中，可结合示范性美丽渔场道路的行道树绿化和路侧绿化进行布局，形成街道两侧绿荫面较大的绿化效果，对防止和减弱来自街道的汽车噪音和尾气有良好的作用。

（三）建设地点

万安养殖区中部，万安路与樵桑联围之间（长500 m）（图9-9、图9-10）。

图9-9　林荫生态廊道分布图示意图

图9-10　林荫生态廊道

（四）建设方案

（1）绿化流程：场地平整 — 基肥施放 — 苗木选择 — 种植土的选择 — 苗木种植 — 修建维护。

（2）按照《城市园林绿化施工及验收规范》规定开展场地平整、杂物清理、管线保护等工作。

（3）施工时应对种植土进行土壤检测，符合标准可以进行定植，保证土壤有机质肥沃，排水良好，pH值5～7，避免强酸碱、盐土、重黏土等。

（4）廊道两侧的乔木需要按额定要求的基肥量施放基肥，乔木每一定植穴施用0.4～0.5 kg，肥料不能与树木根部直接接触，以防根部受伤。

（5）苗木来源以本地区为主，若由外地引进需要严格遵守国家和本地区的有关检疫法规。选择枝干健壮、形体优美的苗木。乔木必须采用假植苗，进行根部修剪，定植后需要立支柱。

二、塘网结合单塘循环养殖示范区建设

（一）建设目标

通过塘网结合底部供氧系统和底部集污系统，结合微生物—挺水植物水质调控等技术的应用，解决高密度养殖过程中的增氧、水质调控和饲料精准投喂问题，实现高密度养殖条件下单塘内循环水体污染综合防控治理。

（二）建设地点

万安村和麦朗村各约15亩鱼塘（图9-11）。

图9-11 塘网结合单塘循环示范区建设位置示意图

（三）建设方案

在鱼塘中设计合适大小的网箱，在网箱中高密度养殖鳜鱼和鲈鱼，进行饲料精准投喂，在外塘配套养殖四大家鱼。通过水质检测系统实时监测鱼塘

水体中的总氮、氨氮、亚硝态氮、溶解氧、酸碱度、温度总磷含量等指标变化情况。通过底部高效增氧技术，解决局部溶解氧浓度过低的问题；结合微生物—挺水植物联合净水技术，对养殖水体进行生态调控，使整个养殖鱼塘实现"单塘循环，零尾水排放"。从而建立一套塘网结合单塘循环养殖模式（9-12）。

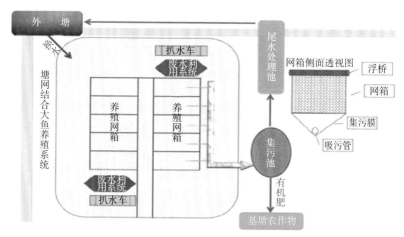

图9-12　塘网结合单塘循环型鱼塘

三、简易生态型鱼塘

（一）建设目标

采用微生物功能菌剂、水生植物原位净化鱼塘水体。在不投入设备、不缩小养殖面积的情况下，在养殖鱼虾的同时实现水体净化。

（二）建设地点

万安村535亩鱼塘（图9-13）。

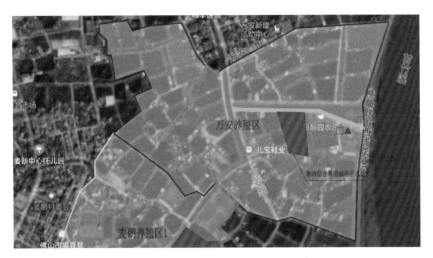

图9-13　简易生态型鱼塘建设位置示意图

（三）建设方案

采用微生物功能菌剂、水生植物原位净化鱼塘水体，从10个鱼塘中抽选1个鱼塘收集养殖尾水进行原位净化。该原位生态净化方法的最大优点是不用投入设备，亦不会缩小养殖面积，在养殖鱼虾的同时实现水体净化（图9-14）。

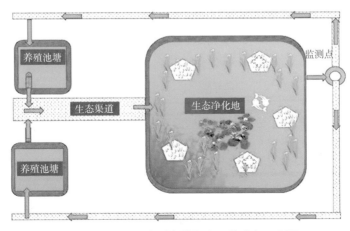

图9-14　简易生态型鱼塘尾水工艺流程示意图

四、多元化桑基鱼塘生态种养模式示范

（一）建设目标

针对当前水产养殖中存在的面源污染突出问题，以实现桑基鱼塘内部自主循环为目标，创建一种高密度养殖条件下单塘内循环水体污染综合防控治理新模式——多元化桑基鱼塘生态种养模式（图9-15），通过该模式的示范推广，解决珠三角水产养殖面临的农业面源污染问题，推动广东省桑基鱼塘绿色可持续发展，促进珠三角桑基鱼塘文化的保护和传承。

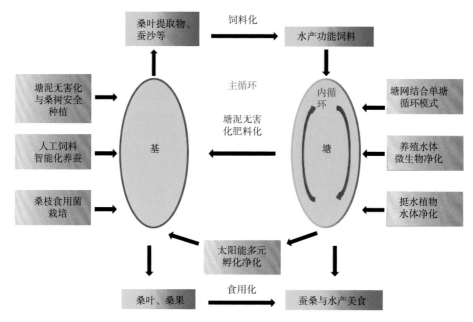

图9-15 多元化桑基鱼塘生态种养模式

（二）建设地点

示范区内鱼塘、万安村现代桑基鱼塘展览馆、现代农业温室等场所。

（三）建设方案

该模式主要包括8方面内容，除上述的塘网结合单塘循环养殖和微生物—挺水植物联合净水技术外，还包括以下内容，建设方案如下。

（1）塘泥无害化肥料化处理与塘基生态高效种植。将塘泥和蚕沙等混

合进行好氧堆肥发酵处理，实现塘泥的无害化处理和肥料化利用。利用塘泥肥料改良塘基土壤，在塘基种植专用饲料桑或果桑品种（图9-16）。

图9-16　塘泥堆肥发酵与塘基桑树种植

（2）人工饲料智能养蚕技术示范。对万安村现代桑基鱼塘展览馆一楼家蚕饲养展示区进行升级改造，开展人工饲料养蚕技术示范。采购1台家蚕饲料成型设备，建立一个湿体饲料加工车间，实现家蚕湿体饲料规模化生产。建立独立的小蚕饲育无菌房，实现小蚕温湿度环境智能调控和精准饲养，进行家蚕全龄饲料育的示范（图9-17）。

人工养蚕气候箱　　　　小蚕饲育无菌房　　　　　蚕宝宝学习套装

图9-17　人工饲料智能养蚕示范

（3）蚕桑水产饲料的示范推广。桑树提取物加工而成的饲料添加剂能够有效提高动物免疫力和抗病性。蚕蛹经微生物发酵处理生产的蛹肽蛋白饲料营养丰富、诱食效果好。蚕沙饲喂的鱼肉质鲜美，营养成分增加，更加符合现代优质健康的消费观念。以塘基饲料桑和家蚕饲料育过程中获得的蚕沙、蚕蛹生产蚕桑特色水产饲料，在园区内进行蚕桑饲料生态水产养殖示范（图9-18）。

图9-18　蚕桑水产饲料及其应用

（4）太阳能多元孵化净化技术在养殖尾水排放中的应用。在塘基上设置太阳能多元孵化净化设备，该设备包含孵化间、厌氧分解池、曝气生物滤池固定床、流化床以及净水池等（图9-19）。厌氧分解池中接种孵化后的厌氧氨氧化菌和有机物降解菌，通过调节碳氮比例、酶活性等因素来提高净化效率；曝气生物滤池中接种孵化后的好氧硝化反硝化菌及聚磷菌等。该系统稳定运行后每天处理水量为500 t。设备配备有水质检测系统，能够对悬浮物浓度、酸碱度、化学需氧量、总磷、总氮、铜、锌含量等指标进行在线监测，水质达标后可对外排放。该设备的应用及推广，能有效解决珠三角地区养殖尾水达标排放问题。

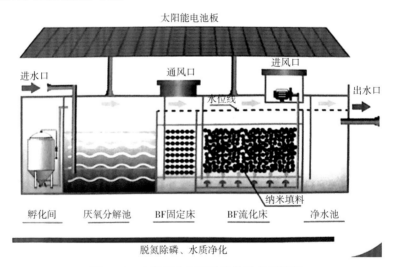

图9-19　太阳能多元孵化净化设备示意图

（5）桑枝食用菌栽培。在万安村现代农业温室内建设出菇房，进行间隔的独立温湿度控制，以塘基桑树桑枝为原料，开展高值药用真菌桑黄的栽培示范（图9-20）。出菇房面积300 m^2，饲养规模5 000个菌包。在万安村建立桑黄销售体验店，将各种桑黄系列产品在店中展示、体验，并请专人准备宣传资料，深入介绍桑黄的药理作用及相关产品的特性。

图9-20　桑黄栽培

（6）桑叶、桑果、水产食品加工与美食开发。以塘基桑叶、桑果和蚕桑生态鱼为原料，进行桑叶、桑果、水产食品加工与美食开发。

五、池塘标准化改造提升

（一）建设目标

按照"功能完善、质量安全、环境友好"的要求，实施养殖池塘生态化改造，主要包括：池塘护坡修整、看护房修缮、池塘挖沟起垄、池塘护坡、养殖设备升级、池塘清淤修整等。示范化升级后的池塘整体布局合理，环境有序、整洁、美观。

（二）建设地点

麦朗村802亩鱼塘进行标准化改造升级（图9-21）。

图9-21　池塘标准化改造建设位置示意图

（三）建设意义

养殖池塘示范化升级后，池塘分布更加合理，养殖用水安全，电力等设施齐全，减轻养殖从业者的工作负担，整个养殖场整洁、有序、美观，降低水产品感染疾病的风险，同时为生产者提供舒适的工作环境；绿色理念融入示范性美丽渔场，有利于发展旅游业，为游客提供健康、绿色的休闲娱乐场所。示范化升级后的美丽渔场对佛山市水产养殖业发展起到指引作用，促进行业进步，为周边水产养殖业发展注入新的活力（图9-22）。

图9-22　示范性美丽鱼塘标准化改造

六、渔业数字化设施

（一）建设地点

在项目区内建立配套视频监控、养殖水体和尾水水质在线监测等物联网设备，实现水产养殖全程智能管控。应用物联网、大数据、人工智能等现代信息技术，建设智慧渔场数字化平台，实现数字化管理。

（二）建设内容

利用物联网技术，围绕设施化水产养殖场生产和管理环节，通过智能传感器在线采集养殖渔场的环境信息（水温、水质、溶氧、光照等），同时集成改造现有的养殖场环境控制设备、饲料投喂控制设备，实现养殖渔场的智能生产与科学管理。养殖户可以通过手机、pad、计算机等信息终端，实时掌控养殖渔场环境信息，及时获取异常报警信息，并可以根据检测结果远程控制相应设备，实现健康养殖、节能降耗的目标。该系统主要包括环境信息智能采集系统：实现养殖渔场环境信号的自动检测、传输、接收；智能养殖管理平台：实现对采集自养殖渔场各路信息的存储、分析、管理，提供阈值设置功能，提供智能分析、检索、警告功能，提供权限管理功能，提供驱动养殖舍控制系统的管理接口。打造"互联网+水产"的模式，通过互联网和物联网的力量，联接水产产业链的优质资本、资源和资讯，最大限度提升水产行业的信息化和智能化水平。

七、其他配套设施

（一）"美丽渔场"大门及标志牌

对项目区的主要入口进行升级改造，在主入口处设立"美丽渔场"标志牌和区域平面示意图，平面示意图包括渔场名称、面积、场内布局、责任单位与责任人等信息。在养殖区的不同功能区设置标志牌。

（二）风光互补太阳能路灯

在渔场主要干道安装风光互补太阳能照明灯（图9-23）。风光互补技术是利用太阳能电池和风力发电机发电，将风能、太阳能转化为电能，经蓄电池储能，再用来照明的技术装置，两种发电系统在同一个装置内互为补充，给设备供电的一种新技术。很多地方风能和太阳能随着季节、天气等因素变化显著，单一依靠风能或者太阳能发电，会造成有些月份供电不足，风光互补技术正是利用两种资源的季节互补特性，将太阳能电池和风力发电机组成一个系统，充分发挥两者的优势和特点，最大限度地利用太阳能和风能。可以保证一年四季均衡供电，使自然资源被充分利用。其中的风光互补太阳能路灯由风力发电机组、控制系统、支撑系统、储能系统、太阳能发电系统、照明系统的六大部分整合，环保且不受天气影响，符合低碳理念，显著提高了效率，降低了生产成本，是光伏产业和人们生产生活价值链的进一步延伸。

风光互补太阳能灯具全自动工作，不需要挖沟布线，但灯杆需要装置在预埋件（混凝土底座）上。

图9-23　风光互补太阳能照明系统

（三）一体化环保厕所

在生产区建设一体化环保厕所（图9-24）。

（1）选择地址。主要在饲料仓库、养殖区值班生活区域等。

（2）管理人员。安排专人定时定期清洗。

（3）一体化环保厕所。采用一体式三格化粪池，其高强度复合材料一体成型，抗压能力强；施工快速、方便，预留标准接口，将进出水管道连接即可使用；成本低廉，不限地域和大小；采用高强度复合材料，防腐防老化，经久耐用，使用寿命长。

图9-24　一体化环保厕所示意图

（四）垃圾收集点

在养殖区适宜位置设置废弃物收集区及相关配套设施（主要布置在养殖区、值班生活区域等），对废弃物实施分类处理和资源化利用（图9-25）。

垃圾分类有利于保持示范性美丽渔场场容清洁，有效改善环境卫生，减少疾病发生和流行；有助于资源的优化整合和回收利用，对于一些可回收和不可回收的垃圾进行了概念和区分，既有利于对环境的保护，又有利于对树木资源的合理开发利用；有助于对外树立一个良好的投资和旅游环境；有利于居民环保意识的培养。

选择一体式分类垃圾桶放置于拟建设地点，安排专人定期对垃圾回收及垃圾桶清洁。

图9-25　一体式分类垃圾桶示意图

（五）无害化处理设施

在地势较高，处于下风向，并远离养殖区域、进排水管道、办公和生活区域、饮用水源地、河流等地区，选择地下水较低、土质无径流的地点，建设无害化处理设施两个。

方案一：三级无害化处理池

死鱼等进入第一池，池内死鱼开始发酵分解。因比重不同有机液可自然分为三层，上层为糊状，下层为块状或颗粒状粪渣，中层为比较澄清的液体。在上层和下层中含细菌和寄生虫卵最多，中层含虫卵最少，初步发酵的中层经过管溢流至第二池，而将大部分未经充分发酵的死鱼组织阻留在第一池内继续发酵。第二池进一步发酵分解，虫卵继续下沉，病原体逐渐死亡，得到进一步无害化，产生的死鱼残体厚度比第一池显著减少。流入第三池的残体一般已经腐熟，其中病菌和寄生虫卵已基本杀灭。第三池功能主要起着储存已基本无害化的处理液的作用（图9-26）。

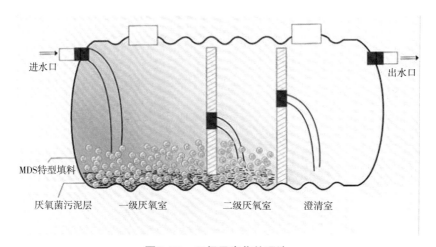

图9-26 三级无害化处理池

方案二：建设死鱼无害化处理点

其无害化处理流程如下。

（1）清捞水体和底泥中的死鱼，以防病原孳生，涉及打捞、运输、装卸等处理环节要避免洒漏，并需对打捞、运输装卸工具消毒杀菌。消毒方法：用500 mg/L的漂白粉（含有效氯25%）溶液喷洒或浸泡。

（2）死鱼可集中后做深埋处理。掩埋应选择远离水源、河流、养殖区和居住区的地点。首先挖一深埋坑，掩埋时先在坑底铺垫2 cm厚生石灰，然后将死鱼尸体置于坑中，最后撒一层生石灰，再用土覆盖，与周围持平，覆盖土层厚度应不少于0.5 m；如果出现疑似疫病或其他不正常的情况，需将死鱼浇油焚烧，再覆盖厚度大于1.5 m的土层；填土不要太实，以免尸腐产气造成气泡冒出和液体渗漏。掩埋后应设置明显的标识。

（3）死鱼可以在选择远离水源地、河流、养殖区域等地点进行发酵处理。首先挖一发酵坑，用塑料薄膜作为土地的衬里，将死鱼放入坑内，上用塑料薄膜密封，用土覆盖，发酵后可作农业用肥。

第六节　经济、社会和生态效益评价

一、经济效益

（1）美丽渔场建设有利于节约养殖成本和提升水产品品质。随着池塘尾水处理设施及配套设施建设，水产池塘养殖基础设施条件得到有效改善，可减少水源污染、缺氧造成的突发死鱼事故，养殖用水的改善也有利于减少鱼的泥腥味，提高水产品产量和质量，提升水产养殖业抗风险能力和水产品市场竞争力。改造后池塘深度适宜、灌排配套，可显著减少药物投入，降低养殖成本，提高养殖的经济效益。

（2）美丽渔场建设有利于保障并拓展水产养殖业发展空间。当前渔业保供给、渔民保就业的压力逐渐凸显，通过本规划的实施，国内水产池塘养殖将实现尾水达标排放或养殖用水循环使用，避免了因环保不达标被关停的风险，极大降低了产业风险。同时，通过对养殖池塘清淤整理、水系规划整治，可有效提升养殖容量，提高养殖产量。

（3）美丽渔场建设有利于促进产业融合发展。通过改善池塘养殖基础设施条件，有效提升新品种新技术转化应用水平，并为开展水产品加工、冷链仓储、线上销售创造条件，增加品牌价值和产品附加值。池塘养殖环境的改善有助于发展观光游览、休闲垂钓、餐饮住宿等第三产业，拓展产业增收空间。

二、社会效益

（1）推动渔区风貌提升与渔村振兴。"产业兴则乡村兴"。万安桑园水韵美丽渔场的建设将紧密结合当地实际情况，充分发挥渔场建设的公益性，同时，打造产品生产、防控检疫、包装、流通标准化、区域一体化体系，共同推进渔业品牌和区域品牌建设。

（2）改善生产设施条件，提升抗风险能力，增加渔民收入。通过美丽渔场的建设，池塘养殖基础设施将明显改善，养殖尾水将实现达标排放或循环利用，水产养殖业发展基础进一步夯实，水产品供应"基本盘"将更加稳固。其中，尾水处理设施可为小、散养殖户提供养殖用水和养殖尾水净化服务；数字化管控有效解决了养殖生产过程中质量信息采集与管理不规范、质量问题追溯不易、管理效率低下等问题。本项目的实施，不仅能稳固水产养殖从业者就业，同时必将拉动建设、加工、物流等相关产业的发展，带动渔村休闲旅游等第三产业发展，加大就业岗位的有效供给，增加人民群众就业机会和收入，促进渔业渔村全面发展。经测算，美丽渔场建设中仅尾水治理工程的实施，每治理200亩池塘需要约15个技工，万安桑园水韵渔场1 352亩池塘尾水治理可提供98个就业机会，每年可吸纳农村劳动力300人左右。

三、生态效益

通过项目实施，将促使池塘养殖布局合理、节约用水，水环境得到有效保护，生态质量明显提升。"桑基鱼塘"的生态养殖，在池埂上或池塘附近种植桑树，以桑叶养蚕，以蚕沙、蚕蛹等作鱼饵料，以塘泥作为桑树肥料，形成池埂种桑、桑叶养蚕、蚕蛹喂鱼、塘泥肥桑的生产结构或生产链条，二者互相利用、互相促进，达到鱼蚕兼取的效果。构建起绿色、低碳、可持续的现代水产养殖产业模式，生态健康养殖基本可实现。

（1）美丽渔场建设有利于节约养殖成本和提升水产品品质。随着池塘尾水处理设施及配套设施建设，水产池塘养殖基础设施条件得到有效改善，可减少水源污染、缺氧造成的突发死鱼事故，养殖用水的改善也有利于减少鱼的泥腥味，提高水产品产量和质量，提升水产养殖业抗风险能力和水产品市场竞争力。改造后池塘深度适宜、灌排配套，可显著减少药物投入，降低养殖成本，提高养殖效益。

（2）美丽渔场建设有利于保障并拓展水产养殖业发展空间。当前渔业保供给、渔民保就业的压力逐渐凸显，通过本规划的实施，国内水产池塘养殖将实现尾水达标排放或养殖用水循环使用，避免了因环保不达标被关停的风险，极大降低了产业风险。同时，通过对养殖池塘清淤整理、水系规划整治，可有效提升养殖容量，提高养殖产量。

（3）美丽渔场建设有利于促进产业融合发展。通过改善池塘养殖基础设施条件，有效提升新品种新技术转化应用水平，并为开展水产品加工、冷链仓储、线上销售创造条件，增加品牌价值和产品附加值。池塘养殖环境的改善有助于发展观光游览、休闲垂钓、餐饮住宿等第三产业，拓展产业增收空间。

参考文献

艾红霞，刘烨，曾庆东，2022. 浅谈淡水养殖水质净化技术与设备的现状和发展[J]. 现代农业装备，43（1）：55-60.

蔡幼民，王红林，刘大柏，等，1975. 家蚕人工饲料育试验（初报）[J]. 蚕业科技资料（6）：19-24.

蔡幼民，王红林，李素珍，1980. 家蚕人工饲料的研究：饲料组成的改良[J]. 蚕业科学，6（3）：181-186.

陈康勇，钟为铭，高志鹏，2018. 蛭弧菌在水产养殖中应用研究进展[J]. 水产科学，37（2）：283-288.

陈乐乐，黄静，邝哲师，等，2017. 蚕沙的饲用价值及应用现状与开发前景展望[J]. 蚕业科学，43（5）：713-719.

陈乐乐，黄静，邝哲师，等，2018. 发酵处理对不同来源蚕沙中亚硝酸盐的降解效果试验[J]. 蚕业科学，44（3）：458-465.

崔为正，王彦文，邹风竹，等，1999. 小蚕人工饲育配方的改进研究[J]. 北方蚕业，20（4）：21-23

崔为正，2020. 广西小蚕人工饲料育生产示范取得重要进展[J]. 蚕学通讯，40（1）：57.

段玉奇，李哲，倪孟侨，等，2021. 几种有益菌在养殖水体中降解亚硝酸盐的研究应用[J]. 应用化工，50（12）：3392-3395.

杜萍，张春凤，崔宝凯，等，2009. 药用真菌桑黄的人工栽培技术研究[J]. 中国食用菌，28（3）：35-37.

范立民，徐跑，吴伟，等，2013. 淡水养殖池塘微生态环境调控研究综述[J]. 生态学杂志，32（11）：3094-3100.

范玲玉，林美芬，郑毅，2021. 水产养殖业微生物制剂应用研究进展[J]. 食品与发酵科技，57（1）：99-101+121.

佛山市档案局，佛山市地方志办公室，佛山市农业局，2011. 珠江三角洲堤围水利与农业发展史[M]. 广州：广东人民出版社.

郭照辉，刘红，2013. 桑黄菌的特性及人工栽培技术[J]. 南方园艺，24（4）：54-56.

韩益飞，何磊，司马杨虎，等，2014. 智能养蚕环境控制系统与人工饲料养蚕技术实践报告[J]. 江苏蚕业，36（2）：1-3.

韩益飞，2019. 人工饲料养蚕创新回顾与展望[J]. 江苏蚕业，41（4）：1-3.

黄龙，韦木莲，蒙烽，等，2019. 基塘农业模式下不同饲料养殖草鱼的成效分析[J]. 广东农业科学，46（5）：113-120.

何杨，2018. 酵母菌在水产养殖中的应用[J]. 饲料博览（9）：19-23.

黄静，邝哲师，刘吉平，等，2017. 饲料中添加不同品种桑叶及发酵桑叶对胡须鸡的饲养效果[J]. 蚕业科学，43（6）：978-986.

邝哲师，叶明强，赵祥杰，等，2011. 桑枝叶粉饲料化利用的营养及功能性研究初探[J]. 饲料与畜牧（7）：33-36.

雷萍，张文隽，吴亚召，等，2014. 秦巴山区野生桑黄人工驯化栽培技术研究初报[J]. 西北大学学报：自然科学版，44（1）：71-74.

李建琴，顾国达，崔为正，2021. 人工饲料养蚕的进程与展望[J]. 中国蚕业，42（1）：46-52.

李庆荣，邢东旭，肖阳，等，2022. 枯草芽孢杆菌生防菌株SEM-9根际定植及对根际土壤微生物多样性的影响[J]. 华南农业大学学报，43（4）：82-88.

李庆荣，廖森泰，邢东旭，等，2018. 蚕沙堆肥过程中解磷解钾细菌的分离与鉴定[J]. 蚕业科学，44（5）：753-759.

李庆荣，廖森泰，邢东旭，等，2021. 蚕沙解磷菌株SEM-5的分离鉴定及其溶磷作用[J]. 南方农业学报，52（3）：797-805.

李苹，付弘婷，张发宝，等，2015. 蚕沙有机肥对作物产量、品质及土壤性质的影响[J]. 南方农业学报，46（7）：1195-1199.

廖森泰，肖更生，刘学铭，2010. 蚕桑资源综合利用实用技术及规程[M]. 北京：中国农业科学技术出版社.

廖森泰，杨琼，张发宝，等，2011. 华南蚕区蚕沙产地无害化和肥料化处理技术体系构建思路[J]. 蚕业科学，37（6）：1086-1088.

廖森泰，杨琼，李琦，等，2014. 华南蚕区蚕沙消毒堆肥一体化技术[J]. 中国蚕业，35（2）：72-73+75.

廖森泰，2016.桑基鱼塘话[M].北京：中国农业科学技术出版社.

廖森泰，2018.关于发展生态蚕桑产业的思考[J].蚕业科学，44（2）：181-187.

廖森泰，王思远，2020.广东佛山基塘农业系统[M].北京：中国农业出版社.

刘延秋，李色东，2021.我国水产养殖尾水处理现状与技术应用[J].科学养鱼（9）：3-5.

刘艳，黄传书，吴均，等，2019.桑黄代料栽培条件的优化[J].蚕学通讯，39（4）：5-10.

陆春霞，刘开莉，肖潇，等，2021.不同配方培养基对桑黄菌丝和子实体生长的影响[J].广西蚕业，58（4）：18-24.

马青山，李艳，2021.水产养殖中好氧反硝化细菌的筛选及评价研究进展[J].动物营养学报，33（1）：20-32.

缪云根，徐俊良，洪国延，等，1996.桑蚕人工饲料配方的改进研究[J].浙江农业大学学报，22（5）：73-76

蒙烽，黄龙，2019.生态渠对养殖池塘污水氨氮和亚硝态氮去除效果研究[J].科学养鱼（1）：68-69.

南海市地方志编纂委员会，2000.南海县志[M].北京：中华书局.

南海市志，2009（1979—2002）[M].南海市地方志编纂委员会.广州：广东人民出版社.

曲木，唐子鹏，赵子续，等，2021.乳酸菌在水产养殖中的应用[J].生物化工，7（3）：131-134.

冉艳萍，杨琼，李丽，等，2014.蚕沙好氧堆肥腐熟度指标研究[J].广东农业科学，41（8）：92-95.

汤曼利，李舒馨，彭云，等，2021.1株具有抑菌和氨氮降解功能的海洋放线菌筛选与鉴定[J].水产科学，40（4）：610-617.

涂成荣，张和禹，范涛，2018.桑黄的人工栽培与应用研究进展[J].北方蚕业，39（2）：9-13.

万茜淋，吴新民，杨雪，等，2022.桑黄孔菌属的化学成分及药理作用研究进展[J].菌物研究，20（1）：65-71.

王亮，胡帅栋，2020.推进全龄人工饲料工厂化养蚕的巴贝模式[J].蚕桑通报，51（1）：37-38+45.

王思远，廖森泰，邹宇晓，等，2019. 珠江三角洲地区桑基鱼塘的传承保护与创新发展[J]. 蚕业科学，45（6）：909-914.

王思远，廖森泰，邹宇晓，等，2019. 基于农业文化遗产视角的珠三角基塘农业系统[J]. 农业工程，9（12）：116-120.

王玮，陈军，刘晃，等，2010. 中国水产养殖水体净化技术的发展概况[J]. 上海海洋大学学报，19（1）：41-49

吴小锋，徐俊良，1991. 桑蚕人工饲料综述[J]. 蚕桑通报，22（4）：5-9.

许铭宇，卢艺菲，陈平，2018. 水生生物系统对修复微污染水体的研究进展与展望[J]. 环境科学与管理，43（12）：156-160.

宣雄智，张勇，黄蕊，2021. 微生态制剂在水产养殖业中的应用[J]. 安徽农学通报，27（8）：98-100.

杨宏伟，丁伟，杨永顺，2006. 桑黄人工栽培技术及经济效益分析[J]. 黑龙江农业科学（4）：70-71.

杨琼，廖森泰，邢东旭，等，2012. 改良蚕沙静态好氧堆肥的发酵温度及对家蚕病原菌的灭活效果[J]. 蚕业科学，38（6）：1018-1023.

杨琼，廖森泰，冉艳萍，等，2014. 化学消毒和堆肥一体化处理对蚕沙中病原物的消毒效果[J]. 蚕业科学，40（6）：1078-1083.

杨琼，李丽，邢东旭，等，2016. 增施蚕沙有机肥对桑园土壤酶活性以及桑叶产量和品质的影响[J]. 蚕业科学，42（06）：968-972.

杨琼，李庆荣，邢东旭，等，2021. 塘泥有机肥制备与肥效调查[J]. 广东蚕业，55（8）：63-64.

叶明强，邝哲师，赵祥杰，等，2010. 混合发酵蚕蛹复合蛋白饲料的初步研究[J]. 中国饲料（18）：10-12+23.

尹宝全，曹闪闪，傅泽田，等，2019. 水产养殖水质检测与控制技术研究进展分析[J]. 农业机械学报，50（2）：1-13.

章文波，杨琼，廖森泰，等，[2022-08-15]. 一株具有植物促生作用的重金属铅吸附菌的筛选与鉴定[J/OL]. 微生物学通报：1-15. DOI：10. 13344/j. microbiol. china. 220014.

张亚平，娄齐年，李化秀，等，2001. 家蚕人工饲料原料质量控制与加工技术[J]. 北方蚕业，22（4）：41-44.

张震，郝强，周小秋，等，2020. 近年我国淡水鱼营养与饲料科学研究进展[J]. 动物营养学报，32（10）：4743-4764.

周东来，廖森泰，黄勇，等，2021. 饲料中添加桑叶粉对草鱼生长性能和肉质风味的影响[J]. 广东农业科学，48（4）：119-130.

朱云，龚望宝，谢骏，等，2020. 好氧反硝化细菌的鉴定及其脱氮特性研究[J]. 水生生物学报，44（04）：895-903.

Li L，Liao S T，Li W M，et al.，[2018-1-5]. Fingerprint of exhaust gases and database of microbial diversity during silkworm excrement composting[J/OL]. Compost Science & Utilization. https：//doi. org/10. 1080/1065657X. 2017. 1344593

Li Q R，Liao S T，Zhi H Y，et al.，2018. Characterization and sequence analysis of potential biofertilizer and biocontrol agent *Bacillus subtilis* strain SEM-9 from silkworm excrement[J]. Can. J. Microbiol.，19：1-14.

Li Q R，Liao S T，Wei J H，et al.，2020. Isolation of Bacillus subtilis strain SEM-2 from silkworm excrement and characterisation of its antagonistic effect against *Fusarium* spp. [J]. Canada Journal of Microbiology，66：401-412